Christoph Drösser, geboren 1958, studierte in Bonn Mathematik und Philosophie. Er arbeitet als Redakteur im Wissenschaftsressort der Wochenzeitung *DIE ZEIT*, wo er 1997 die Kolumne **Stimmt's?** ins Leben rief und damit eine bis heute ungebrochene Fragenflut auslöste. Bei Rowohlt erschien bereits der erste Band «Stimmt's? Moderne Legenden im Test» (rororo 60728), der zweite Band «Stimmt's? Noch mehr moderne Legenden im Test» (rororo 60933) sowie «Stimmt's» für clevere Kids (rororo 21163).

Marcus Weimer, geboren 1963, studierte an der Fachhochschule für Gestaltung in Hamburg. Als **Rattelschneck** arbeitet er gemeinsam mit Olav Westphalen für *Titanic, DIE ZEIT, tip Berlin, nv: The Nordic Art Review* und fürs Fernsehen. Er illustrierte bereits die ersten beiden «Stimmt's?»-Bände.

Christoph Drösser

Stimmt´s?

Neue moderne Legenden im Test

Mit Illustrationen von Rattelschneck

Rowohlt Taschenbuch Verlag

rororo science
Lektorat Angelika Mette

2. Auflage Februar 2004

Originalausgabe
Veröffentlicht im Rowohlt Taschenbuch Verlag,
Reinbek bei Hamburg, November 2002
© 2002 by Rowohlt Taschenbuch Verlag,
Reinbek bei Hamburg
Fachliche Beratung der Reihe Eva Ruhnau,
Humanwissenschaftliches Zentrum,
Ludwig-Maximilians-Universität, München
Umschlaggestaltung any.way, Barbara Hanke
(Illustration: Rattelschneck)
Gesetzt aus der Minion PostScript, QuarkXPress
Gesamtherstellung Clausen & Bosse, Leck
Printed in Germany
ISBN 3 499 61489 8

Inhalt

Vorwort

Wer hätte das vor fünf Jahren gedacht? Im Sommer 1997 habe ich die «Stimmt's?»-Kolumne bei der *ZEIT* ins Leben gerufen, damals angelegt auf zehn bis zwölf Folgen, deren Fragen ich mir noch selbst überlegt hatte. Dann begannen die Leser, ihre eigenen «Stimmt's?»-Fragen einzusenden – inzwischen sind über 250 Folgen erschienen. Und die Leserpost reißt nicht ab: Über 5000 Fragen sind eingegangen, per Post und per E-Mail.

Wie sieht die Arbeit des Briefkastenonkels aus? Zunächst einmal bleibt keine Zuschrift unbeantwortet: Jedem Fragesteller wird mitgeteilt, dass seine Anfrage eingegangen ist und dass wir prüfen, ob wir sie in den engeren Kreis derjenigen Fragen aufnehmen, die irgendwann einmal Gegenstand einer «Stimmt's?»-Folge werden. (Zugegeben, eine diplomatische Antwort – es gibt doch eine Menge Fragen, die von vornherein herausfallen.) Wenn die Frage schon einmal beantwortet worden ist, bekommt der Leser einen Hinweis auf die *ZEIT*-Ausgabe, in der die Antwort erschienen ist – die Frage nach dem Löffel in der Sektflasche beispielsweise (siehe «Stimmt's?», Band 1) ist bestimmt schon hundertmal gestellt worden. Die neuen Fragen sortiere ich nach meinen völlig subjektiven Kriterien aus: Ist es eine wirklich nicht leicht zu beantwortende Frage, die sich vielleicht nicht jeder, aber doch viele schon einmal gestellt haben? Dieser schmale Rest wird von meiner Mitarbeiterin Anja Nieuwenhuizen elektronisch erfasst und, alphabetisch sortiert, in einem Aktenordner abgelegt. Dort suche ich mir dann nach dem Lustprinzip jede Woche eine Frage heraus, die ich zu beantworten versuche.

Manchmal ist die Lösung einfach: Man findet relativ schnell kompetente Quellen oder Ansprechpartner. Aber oft bleibt die

Recherche auch irgendwo stecken und kommt einfach nicht voran. Etwa die Frage, ob die seltsamen Edelstahl-«Seifenstücke», die angeblich den Zwiebelgeruch von den Händen waschen, wirklich funktionieren. Es scheint so zu sein, aber selbst nach einer mikroskopischen Untersuchung in einem Fraunhofer-Institut habe ich noch keine befriedigende Antwort darauf, wie das funktioniert. Ebenso stecke ich noch bei der Frage fest, ob Hunde die Angst des Menschen tatsächlich riechen können. Es erweist sich wieder einmal mehr, dass viele sehr alltägliche Fragen noch nicht wissenschaftlich untersucht sind (bzw. dass ich diese Wissenschaftler noch nicht ausfindig gemacht habe).

Die «Stimmt's?»-Maschine läuft also munter weiter, angetrieben von den Fragen, die unermüdlich von den Lesern gestellt werden. Wenn Sie auch eine Frage haben, schicken Sie sie einfach an die Adresse stimmts@zeit.de. Oder schauen Sie im «Stimmt's»-Forum vorbei, das Sie im Internet unter der Adresse www.debatte.zeit.de finden!

Hamburg, im Sommer 2002   Christoph Drösser

Die grünen Teile von Tomaten und Kartoffeln sind giftig

Stimmt. Die grünen Stellen an der Tomatenfrucht enthalten ein giftiges Alkaloid, Solanin genannt. Aber man muss schon Unmengen davon verdrücken, damit die toxische Wirkung eintritt.

Solanine sind in Nachtschattengewächsen enthalten, die in Gestalt von Kartoffeln und Tomaten auf unserem Teller landen (der Stoff in der Tomate nennt sich auch Tomatin). Zu den Symptomen einer Solaninvergiftung gehören Kopfschmerzen, Brechreiz, Durchfall und Sehstörungen. Das Alkaloid in der Tomate ist recht robust und übersteht auch den Kochvorgang. Bei der Reifung geht es dagegen fast komplett verloren und wird unter anderem in den Farbstoff umgewandelt, der das Gemüse so schön rot macht.

Nun zur quantitativen Seite: Ab etwa 25 Milligramm ist der Verzehr von Solanin toxisch, ab 400 Milligramm tödlich, sagt die Deutsche Gesellschaft für Ernährung. Bei unreifen grünen Tomaten wurde ein Solaningehalt zwischen 9 und 32 Milligramm auf 100 Gramm gemessen. Nehmen wir einmal an, ein Zehntel jeder Tomate sei noch grün, dann müsste man zwischen 800 Gramm und 2,8 Kilogramm Tomaten essen, damit das Gift wirkt. Schneller würde man diese Dosis mit eingelegten grünen Tomaten erreichen.

Wenn man Kartoffeln kühl, trocken und dunkel lagert, ist der Solaningehalt meist zu vernachlässigen. Gefährlich kann es werden, wenn die Knolle sichtbare grüne Stellen hat. Die kann man aber großzügig wegschneiden. Nur wenn die Kartoffel ganz grün ist, gehört sie in den Müll.

Ein Schnaps nach dem Essen ist gut für die Verdauung

Stimmt. Der Hersteller eines berühmten Magenbitters (der in den kleinen, mit Packpapier umwickelten Fläschchen) versendet auf solche Anfragen prompt ein «Gutachten» eines in der Schweiz ansässigen «Instituts für Zeitgemässe Ernährung». Darin wird dem Schnaps eine «verdauungsfördernde und beruhigende Wirkung» attestiert. Sogar Vitamine sollen drin enthalten sein. Die wohltuende Wirkung sei in klinischen Studien nachgewiesen, heißt es. Diese Studien stellen sich jedoch als reines Phantasieprodukt heraus.

Also greift man besser auf eine unabhängigere Quelle zurück. Die Deutsche Gesellschaft für Ernährung (DGE) erklärt, dass Alkohol in geringen Konzentrationen und Mengen tatsächlich die Verdauung fördert, indem er die Produktion der Magensäure mäßig stimuliert. Wie er das genau macht, sei noch nicht geklärt.

Doch wie gesagt, die Menge macht's. Hohe Prozente und große Mengen sind Feinde des Magens. Der Alkohol kann dann die Magenschleimhaut schädigen und steht im Verdacht, die Entstehung von Magengeschwüren und Magenkrebs zu fördern. Und wer sowieso schon Probleme mit einem übersäuerten Magen hat, der braucht auch keine zusätzliche Stimulation durch Alkohol – die verstärkt dann nämlich noch die Beschwerden.

Wegen der Erdrotation fliegt man von Ost nach West schneller als von West nach Ost

Stimmt nicht. Es ist sogar umgekehrt: Von Frankfurt nach New York, also gegen die Erddrehung, braucht man über eine Stunde länger als in die entgegengesetzte Richtung.

Die Vorstellung, dass sich «die Erde unter dem Flugzeug wegdreht», ist also irrig. Der Grund für die unterschiedlichen Flugzeiten sind die starken Westwinde, die in unseren Breiten im Schnitt mit etwa 100 Kilometern pro Stunde wehen. Sie geben dem Flug gen Osten den beschleunigenden Rückenwind.

Trotzdem spielt die Erdrotation eine Rolle bei diesem Phänomen, und zwar wegen des legendären Corioliseffekts. Der ist zwar zu klein, um sich auf Badewannenstrudel und Eisenbahnschienen auszuwirken (siehe die «Stimmt's»-Bände 1 und 2), auf große meteorologische Phänomene hat er aber einen Einfluss. In unserem Fall ist es so: In der Äquatorregion steigt warme Luft nach oben und wird in etwa zehn bis zwölf Kilometern Höhe nach Norden und Süden abgelenkt. Jeder Punkt am Äquator dreht sich mit 1667 Kilometern pro Stunde von West nach Ost, und diesen «Schwung» bekommt die Luft mit. Je weiter man nach Norden kommt, desto geringer ist aber die Drehgeschwindigkeit auf dem Erdboden, der Nordpol steht gänzlich still. Die vom Äquator kommenden Luftmassen werden deshalb nach Osten abgelenkt – ein Westwind ist die Folge, sowohl auf der Nord- als auch auf der Südhalbkugel.

Der Name des Computers HAL aus «2001 – Odyssee im Weltall» ist von IBM abgeleitet

Stimmt nicht. «‹Stimmt es, Dr. Chandra, dass Sie den Namen HAL gewählt haben, um IBM einen Schritt voraus zu sein?› – ‹Völliger Unsinn! Die Hälfte von uns kommt ja von IBM, und wir versuchen seit Jahren, diese Geschichte aus der Welt zu schaffen. Ich dachte, inzwischen wüsste jeder intelligente Mensch, dass H-A-L von Heuristischer ALgorithmus abgeleitet ist.›»

Ein Zitat aus dem Roman «2010 – das Jahr, in dem wir Kontakt aufnehmen», der Fortsetzung von «2001». Der Autor Arthur C. Clarke war es satt, immer auf die Legende angesprochen zu werden, er sei auf den Namen des berühmten Computers gekommen, indem er statt der Buchstaben des Computerkonzerns IBM jeweils deren Vorgänger genommen hätte. So verewigte er seine Stellungnahme schließlich in literarischer Form. «Glauben Sie mir, es ist reiner Zufall, auch wenn die Chancen dagegen 26^3 zu 1 sind», schreibt Clarke an anderer Stelle. In seinen ersten Entwürfen sei der Computer noch weiblich gewesen und habe auf den Namen Athena gehört. Erst auf Drängen des Regisseurs Stanley Kubrick sei der schlaue Rechner vermännlicht worden.

Das Gerücht kam bereits kurz nach dem Start des Films im Jahr 1969 auf. Die damals marktbeherrschende Firma IBM trug viel zur Ausstattung des Films bei. Anfangs sollen sogar IBM-Logos auf vielen Kulissenstücken geprangt haben. Aber weil sich HAL letztlich als Mörder erweist, hat die Firma angeblich aus Furcht um ihr Image die Schriftzüge entfernen lassen. Überhaupt wollte IBM lange nicht mit «intelligenten» Maschinen assoziiert werden. Bis etwa 1985 gab es eine Anordnung, die die Verwendung des Adjektivs *smart* oder des Begriffs

«Künstliche Intelligenz» in Verbindung mit Computern untersagte.

Natürlich könnte es auch sein, dass Clarke und Kubrick das für IBM nicht schmeichelhafte Buchstabenspiel im Nachhinein peinlich war und sie sich deshalb eine holprige Alternative aus den Fingern gesogen haben. Das werden wir wohl nie erfahren. IBM jedenfalls ist Clarke nicht böse und lebt nach dessen Auskunft inzwischen ganz gut mit der Legende.

«Vertrauen ist gut, Kontrolle ist besser», sagte Lenin

Stimmt nicht. «Vertrauen ist gut, Kontrolle ist besser», «Misstrauen ist gut, Kontrolle ist besser» – es gibt mehrere Versionen dieses angeblichen Lenin-Zitats, und sie alle haben, wie viele bekannte Zitate, eines gemeinsam: Sie sind nicht zu belegen. Natürlich ist es unmöglich zu beweisen, dass jemand etwas *nicht* gesagt hat – es läuft ja nicht ständig ein Tonband mit, nicht mal im Leben von berühmten Leuten. Deshalb kann man nur sagen: In den schriftlichen Werken Lenins und in den Berichten über seine Reden ist das Zitat nicht zu finden. Reclams Zitaten-Lexikon schreibt, der Satz sei «die schlagworthafte Verkürzung einer Überzeugung, wie sie Lenin mehrfach geäußert hat», und zitiert aus dem 1914 verfassten Aufsatz «Über Abenteurertum»: «Nicht aufs Wort glauben, aufs strengste prüfen – das ist die Losung der marxistischen Arbeiter.» Büchmanns Geflügelte Worte kommen der Sache schon näher. Sie verweisen auf eine alte russische Redewendung, die zu Lenins Lieblingssätzen gezählt haben soll: «Dowjerjaj, no prowjerjaj» – «Vertraue, aber prüfe nach.» Woran man mal wieder sieht: Die schönsten Zitate sind von den Menschen, denen sie zugeschrieben werden, so nie gesagt worden. Sie werden ihnen in den Mund gelegt, weil sie doch wirklich zu schön gepasst hätten.

Es gab einmal eine Päpstin Johanna

Stimmt nicht. Mit dieser Frage begebe ich mich auf gefährliches Terrain. Seit über 700 Jahren dient die Päpstin Johanna, die im 9. Jahrhundert gelebt haben soll, als Waffe im ideologischen Grabenkrieg, wie die Theologin Elisabeth Gössmann in dem knapp 1000-seitigen Wälzer «Mulier Papa – Der Skandal eines weiblichen Papstes» von 1994 beschreibt. Für die Katholiken konnte nicht sein, was nicht sein durfte, also bekämpften sie die Legende. Für die Reformatoren war sie der Beweis für die Fehlbarkeit der Kirche – also glaubten sie dran. In neuerer Zeit haben Feministinnen sich der Päpstinnen-Legende bemächtigt, weil sie so schön ins Konzept passt, zuletzt verhalf Donna W. Cross der Legende mit ihrem Historienroman «Die Päpstin» zu neuer Popularität.

Johanna von Ingelheim soll angeblich ab 855 als Nachfolgerin von Leo IV. gut zwei Jahre unerkannt das Oberhaupt der christlichen Kirche gewesen sein. Der Schwindel sei aufgeflogen, als die Päpstin bei einer Prozession zu Pferde ein Kind gebar. Sie wurde auf der Stelle gesteinigt, und die Kirche säuberte Geschichtsbücher – sagt die Legende.

Auf das wichtigste Argument gegen die Existenz der Päpstin weist die Theologin Ines Gora von der Universität Tübingen hin: Es gibt keinerlei schriftliche Überlieferungen aus der Zeit selbst. Die ersten Geschichten über Johanna kamen im 13. Jahrhundert auf, fast gleichzeitig mit dem Erscheinen einer Chronik, die auf den Dominikanermönch Martinus Polonus zurückgeht.

Aber was ist mit dem berühmten Stuhl? Bis ins 16. Jahrhundert hinein mussten neu gewählte Päpste auf dem berüchtigten *sella stercoraria* Platz nehmen – einem Stuhl, der in der Mitte ein Loch hatte, ähnlich wie eine Toilette. Die Verfechter der

Päpstinnen-Legende sagen: Mit diesem Stuhl wurde der angehende Papst auf seine männliche Vollständigkeit überprüft, weil die Kirche sich eine derartige «Fehlbesetzung» wie mit Johanna nicht ein zweites Mal leisten wollte. Von der katholischen Kirche wurde das stets abgestritten. Sie behauptet lapidar, der Stuhl sei einfach schön, das Loch habe keine besondere Bedeutung. Auch wenn diese Erklärung nicht sehr befriedigend ist, wage ich an dieser Stelle das vorläufige Urteil «stimmt nicht». Ein Zweifel bleibt, das bestätigt auch Ines Gora.

Brennende Kerzen «verzehren» Zigarettenrauch

Stimmt nicht. Auch wenn so mancher Raucher behauptet, die luftverpestende Wirkung seines Lasters durch das Aufstellen von ein paar Kerzen mindern zu können. Denn Kerzen und Zigaretten tun im Prinzip etwas sehr Ähnliches: Sie verbrennen organische Substanzen mit Hilfe von Sauerstoff. Diese Verbrennung ist nicht vollständig, und die unvollständig verbrannten Reste, die in die Luft gelangen, nennt man Ruß. Beim Rauchen ist dieser Ruß erwünscht – nichts anderes ist ja der Zigarettenrauch. Bei Kerzen erwarten wir dagegen, dass sie möglichst wenig rußen. Aber zusätzlich den Ruß aus der Zigarette magisch anziehen und ihn verbrennen – das tun Kerzen nicht.

Walter Schütz vom Verband Deutscher Kerzenhersteller hat zwei Erklärungen für die angenehme Wirkung von Kerzen in einer Raucherrunde: Da sind zum einen die Duftkerzen, die mit ihrem Aroma den Rauch «übertönen» (ein Effekt, mit dem einige Hersteller auch werben). Die Wirkung ähnelt dem Versuch, unangenehme Körpergerüche mit Parfüm zu überdecken – kein wirklich reinigender Effekt. Zweitens sorgen Kerzen, die im Zimmer verteilt sind, durch eine unregelmäßige Erwärmung der Raumluft für ständigen Zug. Durch diese so genannte Konvektion wird der Rauch besser von den Rauchern wegtransportiert und im Raum verteilt. Die Gesamtmenge bleibt aber gleich. Die einzigen wirklichen Rauchverzehrer sind die aktiv oder passiv rauchenden Menschen im Zimmer.

Der 13. eines Monats fällt besonders oft auf einen Freitag

Stimmt. Auch wenn es der gesunde Menschenverstand zunächst nicht glauben mag. Die spontane mathematische Intuition sagt dem aufgeklärten Mitteleuropäer: Es gibt sieben Wochentage. Weil weder 365 noch 366 (Schaltjahr) durch 7 teilbar sind, verschiebt sich der 1. Januar (und mit ihm alle Daten) jährlich um einen oder zwei Tage. Auf lange Sicht müsste da doch jeder Wochentag dieselben Chancen haben, dass ein 13. auf ihn fällt.

Dass dies nicht so ist, liegt am gregorianischen Kalender. Nach dem ist nämlich nicht alle vier Jahre ein Schaltjahr: Glatte Hunderter, die nicht durch 400 teilbar sind, fallen aus dem gregorianischen System heraus (also etwa 1700, 1800 und 1900; das Jahr 2000 dagegen hatte einen 29. Februar). Diese zunächst mal kompliziert aussehende Regel wurde von Papst Gregor eingeführt, weil das Jahr eben nicht genau einen viertel Tag länger ist als 365 Tage. So wird auch auf lange Sicht sicher gestellt, dass sich der Jahresanfang nicht verschiebt und irgendwann mal in den Sommer fällt.

Das Schema des gregorianischen Kalenders wiederholt sich logischerweise alle 400 Jahre. Und wenn man nachrechnet, stellt man fest, dass diese 400 Jahre genau 146 097 Tage haben, und diese Zahl ist durch 7 teilbar. Das bedeutet: Der 1. 1. 2000 fiel auf denselben Wochentag wie der 1. 1. 1600, und so geht es alle 400 Jahre, bis irgendwann ein weiterer Schalttag eingefügt werden muss, um den Kalender mit dem Lauf der Erde in Einklang zu bringen.

400 Jahre haben nun aber genau 4800 Monate und entsprechend viele 13. Diese Zahl ist nicht durch 7 teilbar, also kann es gar keine Gleichverteilung auf die Wochentage geben. Und

wenn man sich die Mühe macht, die Zahlen für die einzelnen Wochentage zu bestimmen (oder das einen Computer machen lässt), dann sieht man, dass der 13. am häufigsten auf einen Freitag fällt, nämlich 688-mal in 400 Jahren (der Durchschnitt der Wochentage ist 685,71). Es gibt in vier Jahrhunderten etwa zwei schwarze Freitage «zu viel». Wie viel Unglück diese Abweichung über die Welt bringt – darüber wollen wir gar nicht erst nachdenken.

Stillende Mütter sollten keine blähenden Speisen essen, weil das Blähungen beim Baby auslösen kann

Stimmt nicht. Auch wenn ich nach Veröffentlichung dieser «Stimmt's»-Folge in der *ZEIT* einige Leserbriefe von Müttern bekommen habe, die Stein und Bein schworen, diese Regel aus eigener Erfahrung bestätigen zu können: Ich bleibe dabei, bis mir jemand einen plausiblen Beweis für das Gegenteil vorlegt!

Generationen von geplagten Müttern haben schon die eigene Ernährung für die Darmkoliken ihres Säuglings verantwortlich gemacht und sich fast nur noch von Wasser und Brot ernährt. Doch meistens hat das nichts geholfen. Das Kind schrie weiter.

Ein Großteil der Mütter müsste sich solche Selbstbeschränkungen nicht auferlegen. Ein Autor der Fachzeitschrift *tägliche praxis* jedenfalls fand kaum wissenschaftliche Belege dafür, dass die Ernährung der Mutter für Blähungen beim gestillten Kind sorgt. Es sei oft noch nicht einmal sicher, dass der Grund für das Geschrei der Babys überhaupt Blähungen sind – man kann den neugeborenen Säugling ja leider nicht fragen, was ihm fehlt.

Außerdem: Wie sollen die blähenden Stoffe in die Muttermilch gelangen? Bei Erwachsenen entstehen die Darmwinde dadurch, dass im Darm unverdaute Ballaststoffe, etwa aus Hülsenfrüchten, von Bakterien abgebaut werden. Und was die Mutter nicht verdaut hat, das kann auch nicht in die Muttermilch gelangen. Die Blähgase selbst natürlich erst recht nicht.

Die Zeitschrift führt dann noch eine Untersuchung an, bei der 272 stillende Mütter über den Zusammenhang von Ernährung und Koliken befragt wurden. Dabei ergab sich nur bei Kuhmilch, Zwiebeln und Kohl eine signifikante Korrelation –

aber das war ja auch eine Umfrage unter Müttern, die alle die Geschichte von den Blähstoffen kannten und deren Erwartung sicherlich ihre Erfahrungen mitgeprägt hatte.

In einem Fall gibt es aber tatsächlich einen Zusammenhang: Wenn der Säugling gegen Kuhmilch-Eiweiß allergisch ist, sollte die Mutter tunlichst auf Milchprodukte verzichten. Denn das tierische Milcheiweiß kann sehr wohl in die Muttermilch übergehen.

Ansonsten kann man den geplagten Eltern wohl nur sagen: Die so genannten «Drei-Monats-Koliken» kommen und gehen, und es gibt nur wenige Mittel, das schmerzgepeinigte Baby zu beruhigen. Da hilft nur eins: durchhalten.

Galilei warf Kugeln vom Turm zu Pisa, um die Fallgesetze zu testen

Stimmt nicht. Die Feststellung hat zwei Komponenten. Erstens: Hat Galilei Dinge vom Schiefen Turm geworfen? Die Anekdote stammt von seinem ersten Biographen Vincenzio Viviani, dem sie der greise Forscher erzählt haben soll. Von den meisten Historikern wird sie aber bezweifelt, da es dafür keine weitere Quelle gibt.

Zweitens: Hat er mit solchen Experimenten die Fallgesetze entdeckt? Das konnte er gar nicht, denn die Uhren waren in der damaligen Zeit viel zu ungenau, um derart schnelle Bewegungen exakt zu messen. Galilei benutzte dafür schiefe Ebenen, auf denen er Kugeln rollen ließ. Dort finden Fallprozesse quasi «in Zeitlupe» statt.

In Galileis Frühwerk «De Motu», das um 1590 entstand, schrieb der Forscher aber tatsächlich einmal von Türmen und Würfen. In der Arbeit versuchte er, die falsche These von Aristoteles zu widerlegen, dass die Fallgeschwindigkeit eines Körpers von seinem Gewicht abhängt. Der junge Galilei entwickelte eine alternative, leider ebenfalls falsche Theorie, nach der nicht das Gewicht, sondern die Dichte eines Körpers die Fallgeschwindigkeit bestimmt – durchaus nicht unplausibel, wenn man sich etwa die Situation unter Wasser betrachtet: Körper mit mehr Auftrieb (der tatsächlich von der Dichte abhängt) schweben langsamer zu Boden als Körper mit weniger Auftrieb.

Aber Galileo war im Gegensatz zu vielen seiner Zeitgenossen offen für Erkenntnisse, die aus Experimenten gewonnen werden, und er sah ein, dass die Wirklichkeit seiner Theorie offenbar Hohn sprach: «Denn wenn man zwei unterschiedliche Körper nimmt, die solche Eigenschaften haben, dass der erste zweimal so schnell fallen sollte wie der zweite, und lässt sie von einem Turm fallen, dann erreicht der erste den Boden nicht wesentlich schneller als der zweite.» Gleich große Holz- und Eisenkugeln fallen ziemlich genau gleich schnell, auch wenn das eine Material eine doppelt so große Dichte hat wie das andere. Eine schmerzliche Einsicht, die ihn nicht ruhen ließ, bis er Jahre später das tatsächliche Fallgesetz entdeckte, nach dem zumindest im Vakuum alle Körper dieselbe Beschleunigung erfahren.

Die klebrige Substanz auf unter Bäumen geparkten Autos ist Läusekot

Stimmt. Im Frühling und Sommer klebt auf vielen Autos, die unter einem Baum geparkt haben, «die Scheiße der Blattläuse», wie es Wohlert Wohlers, Pressesprecher der Biologischen Bundesanstalt und davor Aphidologe (Läuseforscher), drastisch ausdrückt. Deshalb ist diese Plage auch nicht auf die Blütezeit der Bäume beschränkt, sondern dauert praktisch den ganzen Sommer lang.

Die kleinen Krabbelviecher sitzen auf den Bäumen und saugen aus dem so genannten Phloem, dem Gefäßsystem der Pflanzen, den Saft in sich hinein. Dieser Saft enthält vor allem Kohlenhydrate in Form von Zucker – besonders viel etwa beim Ahornbaum. Die Läuse dagegen sind außerordentlich scharf auf nahrhafte Proteine, und die sind im Phloem nicht in sehr hoher Konzentration vorhanden. Also müssen die Tierchen saugen, saugen, saugen. Den überschüssigen Zucker scheiden sie wieder aus. Daher der feuchte Film, der auch den schmeichelhaften Namen «Honigtau» trägt.

Auch wenn es praktisch nur Zucker ist – ganz ungefährlich ist das klebrige Zeug für den Lack nicht. Wenn es nicht schnell entfernt wird, können hässliche Dauerflecken auf dem Wagen entstehen. Um das zu vermeiden, sollte man im Sommer öfter mal in die Waschanlage fahren.

Wer das alles nun ziemlich eklig findet, der sollte beim nächsten Honigkauf genau aufs Etikett schauen: Bienen finden den Honigtau nämlich sehr köstlich und schlecken ihn gern von Bäumen und vom Waldboden auf. Alles, was unter «Waldhonig» oder «Tannenhonig» firmiert, hat den Weg durch den Läusedarm genommen, bevor die Biene es geschluckt und wieder ausgespuckt hat.

Essig verdünnt das Blut

Stimmt nicht. Früher wurden Kinder oft vor dem Genuss von Essig gewarnt. Essig sei «zehrend». Verbreitet war auch der Spruch: «Ein Tropfen Essig – zehn Tropfen Blut.» All diese Sprüche sind völlig haltlos: Essigsäure (die im Essig nur in etwa fünfprozentiger Konzentration enthalten ist) wird im Körper ständig auf- und abgebaut, und zwar in einer Größenordnung von 50 bis 100 Gramm pro Tag. Da macht die durch den Essiggenuss aufgenommene Säure nicht viel aus und kann das Blut nicht «verdünnen». Und selbst wenn man sehr viel Essig zu sich nimmt, so wird die Säure keinen großen Schaden anrichten – der Körper verfügt über mehrere Mechanismen, den pH-Wert des Blutes sehr konstant zu halten. Überschüssige Säure kann über die Atmung kompensiert werden oder wird einfach von den Nieren ausgeschieden.

Inzwischen wird ja auch weniger vor dem Essigverzehr gewarnt, sondern im Gegenteil Apfel- oder Weinessig, oft im Zusammenwirken mit Honig, als Allheilmittel für alle möglichen Zipperlein angepriesen. Wer's glaubt ... Die Deutsche Gesellschaft für Ernährung (DGE) jedenfalls kann außer einer gewissen antibakteriellen Wirkung keine Belege für die Heilkraft des Essigs finden. «Essig und Honig werden im Stoffwechsel letztlich zu Wasser und Kohlendioxyd abgebaut, ohne besondere Effekte im Körper auszulösen», heißt es in einer DGE-Broschüre.

Das beste Hochdeutsch wird in Hannover gesprochen

Stimmt. Die Hannoveraner sprechen tatsächlich das reinste – sprich dialektfreieste – Deutsch. Allerdings nicht «von Natur aus» – sie haben es sich mühsam vor etwa 200 Jahren antrainiert.

Das, was wir heute als Hochdeutsch bezeichnen, ist nämlich eine Kunstsprache, die aus keinem der deutschen Dialekte hervorgegangen ist, erzählt Herbert Blume, Sprachwissenschaftler an der TU Braunschweig. Hochdeutsch ist nichts weiter als der Versuch, das seit dem späten Mittelalter einigermaßen einheitlich geschriebene Deutsch auszusprechen.

Noch bis Ende des 18. Jahrhunderts galt das «Meißnische» als das Nonplusultra der deutschen Hochsprache, was vor allem auf die literarische Blüte Sachsens zurückzuführen ist. Das Meißnische wurde sogar mit dem attischen Dialekt im alten Griechenland verglichen. Aber irgendwann konnte das Bürgertum in den großen Städten dann doch nicht mehr darüber hinwegsehen, dass die Sachsen ihre phonetischen Schwierigkeiten hatten, vor allem bei der Differenzierung zwischen b und p, g und k, d und t. Der Image-Abstieg des sächsischen Dialekts begann, verbunden mit einem politischen Niedergang Sachsens zugunsten des immer stärker dominierenden Preußen. Spätestens nach dem Siebenjährigen Krieg (1756–1763) hatte sich das kulturelle Zentrum von Dresden und Leipzig nach Berlin verlagert, und schon Goethe spottete über den Anspruch der Sachsen, das schönste Deutsch zu sprechen.

Und es stellte sich heraus, dass das Plattdeutsche der Niedersachsen (deren kulturelles Zentrum damals noch Braunschweig war und nicht Hannover) über den besten Vorrat an Lauten verfügte, um das Schriftdeutsch wiederzugeben. In den norddeutschen Städten schaffte es das neue Hochdeutsch schnell, den Dialekt fast völlig zu verdrängen. Um 1790 riet schließlich der Schriftsteller Karl Philipp Moritz den Berliner Damen, denen er das feine Sprechen beibringen sollte, sich die Braunschweiger und Hannoveraner zum Vorbild zu nehmen.

So ganz perfekt sind aber auch die Niedersachsen nicht: Wenn sie «Fluch» sagen, kann durchaus der «Pflug» gemeint sein.

Eine Ausgabe der *ZEIT* enthält so viel Text wie die «Buddenbrooks»

Stimmt nicht. Diese Legende kursiert sogar auf den Fluren der *ZEIT*-Redaktion. Und ist ein beliebtes Argument von Zeitgenossen, die über den Stapel Papier stöhnen, der ihnen da Woche für Woche ins Haus kommt.

Hier sind die nackten Zahlen: Ich habe alle Texte der *ZEIT*-Ausgabe Nr. 23/2000, die immerhin eine umfangreiche Sonderbeilage enthielt, in eine große Datei gepackt, um den Umfang zu ermitteln. Zusammen haben sie etwa 920 000 Buchstaben. Da sind alle Überschriften und Bildzeilen dabei, die Anzeigen nicht (auch nicht die Heiratsannoncen). Seien wir großzügig: Die ganz dicken *ZEIT*-Ausgaben enthalten etwa eine Million Buchstaben.

Dann habe ich mir eine «Buddenbrooks»-Ausgabe von 1930 genommen, ein paar Zeilen ausgezählt und eine Überschlagsrechnung gemacht. Ergebnis: ziemlich nahe an 1 500 000 Fraktur-Lettern. Das macht somit eineinhalb *ZEIT*-Ausgaben.

Man sieht also, die *ZEIT* ist im Vergleich zu den «Buddenbrooks» recht schlank. Und sie hat überdies den Vorteil, dass man nicht den Faden verliert, wenn man einfach die Hälfte der Texte ignoriert.

Die Spoiler eines Formel-1-Wagens erzeugen so viel Abtrieb, dass er theoretisch kopfüber an der Decke fahren könnte

Stimmt. Auch wenn es kaum zu glauben ist. Die genauen Zahlen über die Aerodynamik wollen die Autobauer nicht verraten, aber sie bestätigen die grundsätzliche Möglichkeit, so etwa Wolfgang Schattling, Pressesprecher der Motorsportabteilung von DaimlerChrysler. Und zumindest die Größenordnung der Kräfte ist bekannt: Ein moderner Rennwagen wiegt inklusive Fahrer etwa 600 Kilo. Der Anpressdruck (auch Abtrieb genannt) lässt sich durch den Anstellwinkel der «Flügel» variieren. Auf kurvenreichen Strecken braucht man besonders viel Abtrieb, da nehmen die Techniker auch eine geringere Windschlüpfrigkeit in Kauf und stellen die Spoiler sehr steil ein. Und dann können bei Tempo 200 durchaus noch einmal zusätzliche anderthalb Tonnen den Wagen auf die Straße drücken. Ein Drittel des Abtriebs wird übrigens durch den so genannten Venturi-Effekt erzielt – das ist der Sog, den die unter dem Wagen herströmende Luft erzeugt.

Rechnerisch funktioniert die Überkopffahrt also. Fragt sich nur, wie man den Rennwagen unter die Decke bekommt. Gemacht hat das wohl noch niemand. McLaren veröffentlichte 1999 in seiner Hauszeitschrift *RacingLine* einen Artikel über einen sensationellen Versuch, der angeblich in einem alten Mercedes-Windtunnel bei Stuttgart durchgeführt wurde. Bei einem Gegenwind von 200 Kilometern pro Stunde soll es der Fahrer tatsächlich geschafft haben, den Wagen mit Tempo 50 an die Tunneldecke und wieder herunter zu lenken. Auch wenn der Artikel mit eindrucksvollen Fotos und Grafiken garniert war – es handelte sich nur um einen Aprilscherz.

Ärzte müssen heute noch den hippokratischen Eid schwören

Stimmt nicht. Zum Glück nicht. Denn dann müssten sie ihren Professor wie einen Vater behandeln, ihn im Alter versorgen und die Medizinerkunst kostenlos an dessen männliche Nachkommen weitergeben. Und auf keinen Fall dürfte der Arzt Patienten operieren, die unter Blasensteinen leiden – das müsste er nämlich den «Handwerkschirurgen» überlassen.

Der hippokratische Eid ist ein über 2000 Jahre alter historischer Text (nicht einmal die Autorenschaft des Hippokrates ist belegt). Damals stellte er nicht nur einen ethischen Code dar, sondern auch eine Standesordnung. Sich heute darauf zu berufen wäre purer Anachronismus. «Das suggeriert eine Einheitlichkeit des medizinischen Ethos, die nicht gegeben ist», sagt der Heidelberger Medizinhistoriker Axel Bauer. Mit dem Fortschritt der Medizin haben sich auch die ethischen Probleme verändert – man denke an Abtreibung oder Sterbehilfe –, und da kann Hippokrates wenig helfen.

Jeder Arzt, der in Deutschland approbiert wird, ist aber durch seine Zwangsmitgliedschaft in der Ärztekammer auf die Berufsordnung verpflichtet, in die unter anderem das Genfer Gelöbnis Eingang gefunden hat. Es ist eine modernisierte Fassung des alten Schwures, das «in seiner vieldeutigen Beliebigkeit ein würdiger Nachfolger des hippokratischen Eides» ist, wie der Freiburger Medizinhistoriker Karl-Heinz Leven urteilt. Die Unzulänglichkeiten ihrer Ordnungsschrift korrigieren die Ärztekammern mit Ergänzungen zu aktuellen ethischen Streitfragen, etwa mit Empfehlungen zur Sterbebegleitung.

Juristen und Theologen klauen besonders viele Bücher aus der Uni-Bibliothek

Stimmt teilweise. Fast jeder Bibliothekar ist mit diesem Spruch schon einmal konfrontiert worden, der offenbar bereits über viele Studentengenerationen überliefert wird. Die Nachprüfung ist allerdings nicht so leicht.

Ich habe keine repräsentativen Zahlen über den Bücherschwund an Bibliotheken finden können. Solche Statistiken werden nämlich nicht geführt. Auch der Deutsche Bibliotheksverband kann da nicht weiterhelfen – die großen Universitätsbibliotheken, in deren Magazinen Millionen von Bänden lagern, machen keine Totalrevisionen, bei denen sie wirklich jedes einzelne Buch überprüfen.

Trotzdem bin ich nach langer Suche zumindest auf ein paar Zahlen gestoßen, die den Schluss zulassen: Schuldspruch für die Juristen, Absolution für die Theologen.

Die Zahlen stammen aus dem Lesesaal der Unibibliothek in Münster. Dort steht zwar nur ein Bruchteil des Gesamtbestandes zum Ausleihen bereit, das sind aber doch immerhin einige zehntausend Bücher. Und es werden tatsächlich regelmäßig alle fehlenden Bücher nach Fachbereichen registriert, im Schnitt alle zehn Jahre. Während für die meisten Fachbereiche der Schwund im Bereich von einem Prozent liegt, kamen in einigen Fächern besonders viele Bücher abhanden: Informatik 4,6 Prozent, Wirtschaftswissenschaften 3,9 Prozent und eben Jura 3,3 Prozent. Bei den Theologen waren es nur 0,1 Prozent.

Den Grund für diese Unterschiede sollte man nun aber nicht darin suchen, dass die Juristen die schlechteren Menschen wären. Es hat schlicht mit der Studiensituation zu tun: In den Rechtswissenschaften bekommen bei Klausuren und Examen alle Studenten dieselbe Aufgabe und müssen in kürzester Zeit alle auf dieselben Gesetzestexte und Kommentare zugreifen. Da liegt die Versuchung nahe, ein Buch zu entwenden, um es ständig parat zu haben, oder es auch nur im Regal zu verstellen, damit die Kommilitonen es nicht ausleihen können. Ohne ein solches Vergehen rechtfertigen zu wollen: In diesem Fall macht nicht die Gelegenheit Diebe, sondern der Prüfungsdruck.

Light-Zigaretten sind weniger schädlich als normale

Stimmt nicht. Und das gleich aus mehreren Gründen.

Erstens: Die niedrigeren Nikotin- und Kondensatwerte kommen dadurch zustande, dass die Filter der Light-Zigaretten kleine Löcher enthalten. Dadurch wird von den Rauchautomaten, mit denen die Werte ermittelt werden, mehr Luft angesaugt. Der menschliche Raucher hält aber oft die Löcher zu und zieht stärker an der Zigarette, sodass er mehr Nikotin und Teer aus der Zigarette holt als die Maschine. Für einen Fernsehfilm des SWR wurde das einmal simuliert, indem die Hälfte der Löcher im Filter zugeklebt wurden. Der maschinell ermittelte Nikotinwert war fast doppelt so hoch wie die Zahl auf der Packung.

Zweitens: Die Light-Zigarette enthält keinen «leichteren» Tabak als die normale, sondern nur weniger. Tatsächlich ist der Nikotingehalt pro Gramm Tabak meist höher, wie dasselbe Fernsehteam ermittelt hat. Die Hersteller verwenden die «vollaromatischen Tabake», wie sie sie nennen, um trotz der erwähnten Löcher noch für genügend Geschmack zu sorgen.

Und drittens: Der süchtige Raucher raucht, um seinen Nikotinspiegel aufrechtzuerhalten – wenn er aus einer Zigarette tatsächlich weniger von dem Nervengift holt, dann wird er im Zweifelsfall mehr Zigaretten konsumieren.

Fazit: Light-Zigaretten kann man rauchen, wenn sie einem besser schmecken. «Gesünder» sind sie nicht. Sage ich Ihnen als ehemaliger Light-Raucher. Professor Jack Hennigfield vom Nationalen Institut für Drogenmissbrauch der USA drückt es so aus: «Das ist so, als würde man fettarme Milch kaufen, aber Sahne bekommen.»

Jedes Baby kostet die Mutter einen Zahn

Stimmte früher. In der Vergangenheit ging das Kinderkriegen tatsächlich oft mit Zahnverlusten einher. Das ist jedenfalls das Ergebnis einer statistischen Studie, die Forscher von der dänischen Universität von Odense und vom Max-Planck-Institut für demographische Forschung in Rostock gemeinsam durchgeführt haben. Grundlage waren die Daten von über 1100 dänischen Senioren-Zwillingspaaren ab 73 Jahren.

Bei den Frauen gab es eine eindeutige Korrelation: Mütter aus den unteren sozialen Schichten verloren tatsächlich pro Kind einen Zahn mehr als die Kinderlosen. In den höheren Schichten betrug der Unterschied nur einen halben Zahn pro Kind. Bei den Männern dagegen gab es keine signifikanten Unterschiede zwischen Vätern und Kinderlosen. Auch bei Zwillingsschwestern waren die Daten eindeutig: Bei 28 von 34 Zwillingspaaren hatte diejenige weniger Zähne, die mehr Kinder geboren hatte.

Doch was ist die Ursache für diesen Zahnverlust? Die Wissenschaft tappt da auch noch weitgehend im Dunkeln. Sicher ist die naive Vorstellung falsch, das heranwachsende Baby raube sich das Kalzium für den Aufbau seiner Knochen aus Muttis Zähnen. Peter Ehrl, der ein Fortbildungsinstitut der Berliner Zahnärztekammer leitet, führt die dänischen Daten auf die schlechtere Mundhygiene früherer Jahrzehnte zurück. Denn die alten Damen haben ja ihre Kinder vor einigen Jahrzehnten bekommen, viele in Krisenzeiten. Gerade in der Schwangerschaft sei aber die richtige Zahnpflege wichtig, weil dann die Schleimhäute zum Anschwellen neigen und auch das Zahnfleisch anfälliger für Entzündungen ist. Werdende Mütter sollten also auf ihre Zähne achten!

Gutenberg hat den Buchdruck mit beweglichen Lettern erfunden

Stimmt nicht. Auch beim Buchdruck hatten die Chinesen die Nase vorn, wie schon beim Papier und beim Schießpulver. Sogar der Name des chinesischen Gutenberg ist bekannt: Bi Sheng hieß er, und er machte seine Erfindung um das Jahr 1040 – etwa 400 Jahre vor dem Mainzer.

Die Chinesen waren schon lange große Meister der Druckkunst. Den Holztafeldruck, bei dem jede Seite spiegelverkehrt in einen hölzernen Block geschnitten wurde, beherrschten sie bereits seit dem 7. Jahrhundert. Bi Sheng experimentierte dann mit «Lettern» aus Ton, die mit Wachs in einer Eisenform fixiert wurden.

Allerdings konnte sich diese Art des Buchdrucks in China lange Zeit nicht durchsetzen. Der Hauptgrund: Es gibt im Chinesischen einfach zu viele Schriftzeichen, die im Setzkasten vorrätig zu halten wären. Deshalb ist es auch unwahrscheinlich, dass Johannes Gensfleisch zum Gutenberg von der chinesischen Druckerkunst wusste, als er 1455 seine berühmte Bibel druckte.

Aber auch in Europa war Gutenberg kein einzigartiger Erfinder. Die Idee mit den beweglichen Lettern scheint im 15. Jahrhundert regelrecht in der Luft gelegen zu haben: Auch der aus Prag stammende Goldschmied Prokop Waldvogel, der in der Papststadt Avignon wirkte, und der Holländer Laurens Janszoon experimentierten damit. So können sich mehrere Nationen auf «ihren» Gutenberg berufen.

Wenn Tee kurze Zeit zieht,
wirkt er anregend, sonst beruhigend

Stimmt. Verantwortlich für diese unterschiedliche Wirkung ist die Tatsache, dass die Inhaltsstoffe des Tees unterschiedlich schnell aus den Blättern herausgelöst werden. Da ist zunächst das anregende Koffein. Das löst sich schnell im Wasser – bereits nach ein bis zwei Minuten ist der überwiegende Teil des Koffeins im Tee drin.

Für die beruhigende Wirkung von Tee sind die Gerbstoffe verantwortlich, so genannte Polyphenole, denen viele gesundheitsfördernde Eigenschaften zugeschrieben werden (sie sind zum Beispiel auch in Rotwein enthalten). Sie gehören zu den Antioxidantien und gelten in manchen Kreisen als krebsverhütend und lebensverlängernd. Ein Glas Rotwein oder zwei Tassen Tee enthalten so viel Antioxidantien wie 20 Gläser Apfelsaft! Die Gerbstoffe wirken nicht nur wohltuend auf den Magen, sondern sie binden auch Teile des Koffeins an sich. Es scheint so zu sein, «dass der an Gerbstoffe gebundene Koffeinanteil vom Körper nicht aufgenommen werden kann», so die Ernährungswissenschaftlerin Eva-Maria Schröder in einer Arbeit über die Wirkung des Koffeins im Tee. Diese Gerbstoffe werden langsamer aus den Teeblättern gelöst als das Koffein. Nach vier bis fünf Minuten Ziehzeit entfalten sie ihre volle beruhigende Wirkung. Als «Gegengift» zum Koffein wirkt auch die Aminosäure Theanin, die ebenfalls erst bei längerem Ziehenlassen in das Heißgetränk übergeht.

Beim grünen Tee ist die Zusammensetzung der Gerbstoffe eine andere als beim schwarzen, ansonsten gelten aber die gleichen Regeln.

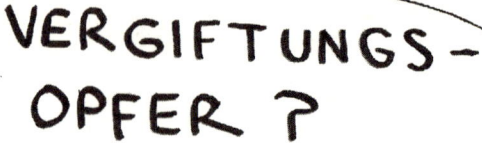

Milch entgiftet

Stimmt nicht. Vor allem bei Vergiftungen mit Farben und Lacken wird dieser Ratschlag immer noch gegeben, aber er ist weder bei Lösungsmitteln noch bei anderen Giftstoffen berechtigt. Die Giftzentralen warnen davor, Vergiftungsopfern Milch einzuflößen. Die angeblich entgiftende Wirkung hat sie nämlich nicht; sie kann sogar schädlich sein. Etwa wenn ein Kind Reinigungsmittel getrunken hat, die Tenside enthalten: Dann kann die Milch den Magen zum Überschäumen bringen, es kommt zum Erbrechen, und dabei können giftige Stoffe in die Atemwege gelangen.

Woher die Milch diesen Ruf hat, ist unklar. Früher bekamen ja sogar viele Arbeitnehmer, die einer besonderen Schadstoffbelastung am Arbeitsplatz ausgesetzt waren, eine Sonderration Milch von ihrem Arbeitgeber. Das ist heute nicht mehr üblich, und man hat auch keinen Anspruch mehr darauf. Bei Vergiftungen gilt: Außer Wasser oder Tee sollte man den Opfern überhaupt nichts verabreichen und auch kein Erbrechen erzwingen. Die telefonischen Notdienste der Giftzentralen geben Auskunft über mögliche erste Hilfe. Ansonsten gehört der Vergiftete zum Arzt.

Muskelkater entsteht, wenn in den Muskeln Milchsäure abgebaut wird

Stimmt nicht. Die Legende von der Milchsäure wird in vielen Ratgebern verbreitet, zusammen mit der Empfehlung, die schmerzenden Muskelpartien weiter zu belasten, um die Säure schneller abzubauen. In Wahrheit aber sind feinste Risse in den Muskeln die Ursache des Muskelkaters. Regelrechte Verletzungen also, die man am besten heilen lässt, anstatt die Muskeln weiter zu quälen.

Zwar gibt es die Milchsäure tatsächlich, und sie wird auch bei ausdauernder Kraftanstrengung im Körper produziert. Trotzdem gibt es keine Anhaltspunkte, dass sie den Muskelkater auslöst. Dieter Böning, Sportwissenschaftler an der FU Berlin, widerlegt das mit dem folgenden Argument: Der stärkste Kater entsteht, wenn der Muskel eine «exzentrische Kontraktion» durchführt, sich also gegen eine Überdehnung aktiv wehrt – etwa beim Bergabgehen im Gebirge. Just dabei ist aber die Milchsäureproduktion eher gering.

Auch Leistungssportler sind vor Muskelkater nicht gefeit. Bei ihnen schlägt der Schmerz vor allem dann zu, wenn sie ihren Körper mit ungewohnten Bewegungen belastet haben. Bei diesen Bewegungen, so erklärt Dieter Böning, arbeiten die Fasern des Muskels noch nicht richtig im Gleichtakt, und so können einzelne Fasern überlastet werden.

Und warum spürt man die Schmerzen erst einen Tag nach der sportlichen Anstrengung?

Das liegt einfach daran, dass wir im Innern der Muskel keine schmerzempfindlichen Nerven haben. Wenn die Fasern repariert werden, entstehen Abbauprodukte, die nach außen ins

Bindegewebe treten und dort die Nerven reizen – und dieser Prozess dauert einige Zeit.

Die besten Mittel gegen Muskelkater: sanfte Massage, warme Bäder, ein Saunabesuch. Und abwarten. Der Schmerz verschwindet irgendwann von selbst.

Der Begriff «Eiserner Vorhang» stammt von Churchill

Stimmt nicht. Nach der Legende soll Churchill den Ausdruck 1946 geprägt haben, aber ein Leser schrieb mir, seine Schwieger-Großmutter habe bereits 1945 einen Brief aus Leipzig geschrieben, in dem es hieß: «Mir ist es ein furchtbarer Gedanke, hinter dem eisernen Vorhang der Russen zu sitzen und womöglich nie mehr zu Euch zu gelangen.»

Vielleicht war die Dame eine Leserin der Wochenzeitung *Das Reich*. In der prophezeite nämlich am 25. Februar 1945 kein anderer als der Propagandaminister Joseph Goebbels, dass die Sowjetunion im Falle einer Kapitulation Deutschlands große Teile Ost- und Südosteuropas und auch Deutschlands besetzen würde – und ein «eiserner Vorhang» sich über Europa senken werde. Der Text erschien auch in der Londoner *Times* (mit der falschen Übersetzung *iron screen* statt *iron curtain*). Churchill hat ihn ganz gewiss gelesen und den Begriff spätestens zu diesem Zeitpunkt in seinen Wortschatz aufgenommen. Schon im Mai oder Juni 1945 benutzte er ihn in einem Telegramm an den amerikanischen Präsidenten Harry S. Truman – nicht erst in seiner Rede vom März 1946, die in vielen Lexika zitiert wird.

Aber auch Goebbels ist nicht der Schöpfer dieser Metapher. Der Begriff stammt aus dem Theater, er bezeichnet einen Feuerschutzvorhang, der hinter dem Hauptvorhang heruntergelassen wird, wenn die Vorstellung zu Ende ist. Und er wurde schon im Jahr 1918 von dem russischen Autor Wassilij Rosanow benutzt, um die Isolation der Sowjetunion vom Rest Europas zu beschreiben. Rosanow schrieb damals in seinem Buch «Die Apokalypse unserer Zeit»: «Unter Rasseln, Knarren und Kreischen senkt sich ein eiserner Vorhang auf die russische Geschichte herab. Die Vorstellung geht zu Ende.»

«Abendrot, Schönwetterbot' – Morgenrot, schlecht Wetter droht»

Stimmt. Wieder eine dieser Bauern- und Wetterregeln, die einen wahren Kern haben – es gibt einen meteorologischen Zusammenhang zwischen Abendrot, Morgenrot und dem Wetter, jedenfalls in unseren Breiten. Zwar verkündet der Bote keine absolute Wahrheit, aber doch zumindest eine Wahrscheinlichkeit für das künftige Wetter.

Die Erklärung liefert Hartmut Graßl, Direktor des Max-Planck-Instituts für Meteorologie: Wenn der Abendhimmel flammend rot leuchtet, dann bedeutet das zunächst einmal, dass wir freie Sicht zum westlichen Horizont haben. Dort bringt die Sonne Partikel in der Luft zum Leuchten. Da bei uns meist der Westwind vorherrscht, heißt das: Es ziehen von Westen keine Wolken herauf, die schlechtes Wetter mit sich bringen. Wenn das rote Sonnenlicht außerdem noch ein paar Wolken direkt über oder östlich vom Betrachter beleuchtet, dann sind das allenfalls abziehende Regengebiete, die mit dem Wetter von morgen nichts zu tun haben.

Umgekehrt ist es beim Morgenrot: Ein wolkenfreier Osten spielt für die Wetterentwicklung keine große Rolle. Wenn morgens der ganze Himmel flammend rot erleuchtet ist, dann strahlt die Sonne schon die ersten Zirruswolken im Westen an, die Vorboten einer Regenfront.

Das alles gilt, wie gesagt, nur bei Westwind. Der herrscht aber bei uns längst nicht das ganze Jahr vor. Im Mai ist es sogar umgekehrt; dann nämlich weht der Wind vorwiegend aus Osten, und das Abendrot kann durchaus ein «Schlechtwetterbot'» sein.

Auf der «inneren Uhr» des Menschen dauert ein Tag 25 Stunden

Stimmt. Der Mensch hat eine «innere Uhr», und die geht durchaus nicht synchron mit der Erdumdrehung. Herausgefunden wurde das seit den sechziger Jahren in den berühmten Versuchen am Max-Planck-Institut für Verhaltensphysiologie in Andechs, bei denen Probanden Wochen, manchmal Monate in Versuchslabors ohne Tageslicht und ohne Uhren verbrachten. Die Versuchspersonen erlebten das übrigens nicht als Qual, sondern genossen die Freiheit, nach ihrem eigenen Rhythmus zu leben, und verbrachten die Zeit mit Lesen, Schreiben oder Prüfungsvorbereitungen. Und im Schnitt stellte sich ihr Körper auf einen 25-Stunden-Tag ein. In neueren Versuchen liegt diese Periode wieder näher an 24 Stunden, berichtet der Schlafforscher Jürgen Zulley vom Universitätsklinikum Regensburg. Sie ist aber immer noch deutlich länger als ein Tag. «Zirkadianer Rhythmus» wird diese seltsame Periode genannt – weil sie etwa einen Tag lang ist, aber nicht genau.

Dieser Rhythmus ist nur einer von vielen, nach denen unsere Körperfunktionen sich richten. Im Prinzip verfügt sogar jede einzelne unserer Zellen über eine Art Uhr. Koordiniert werden diese Billionen von Taktgebern durch einen «Dirigenten» im Gehirn. «Suprachiasmatischer Kern» nennt sich dieses winzige Gebiet im so genannten Hypothalamus. Durch den Einfluss von Licht wird diese Zentraluhr täglich neu justiert – oder auch durch den piepsenden Wecker, der uns jeden Morgen eine Stunde zu früh aus dem Schlaf reißt.

Wieso nun gerade die menschliche Uhr auf mehr als 24 Stunden eingestellt ist, weiß niemand. Bei anderen Lebewesen ist es nämlich anders – so hat etwa der innere Tag bei manchen Vögeln nur 23 Stunden.

Bei einem Transatlantikflug bekommt man mehr Strahlen ab als bei einer Lungen-Röntgenaufnahme

Stimmt. Die Erde ist einem Dauerbeschuss von geladenen Teilchen aus dem Weltall ausgesetzt, der kosmischen Strahlung. Auf der Erdoberfläche kommt nicht viel davon an, weil das Magnetfeld der Erde den größten Teil ablenkt. Gefährlicher wird die Strahlung in großer Höhe sowie in der Nähe der Pole – dort münden die Magnetfeldlinien in den Globus, und die Strahlung gelangt in tiefere Luftschichten. Die amerikanische Luftaufsichtsbehörde hat berechnet, dass die Strahlenbelastung bei einem Flug von Frankfurt nach New York etwa zwei Thorax-Aufnahmen entspricht, bei einem Flug über die Polarroute nach San Francisco sogar drei.

Das klingt zunächst nach sehr viel. Und es ist auch so, dass es grundsätzlich keine «ungefährliche» Strahlung gibt – schon die kleinste Dosis kann Zellen schädigen, und deshalb tut man gut daran, der Strahlung, so gut es geht, aus dem Weg zu gehen. Setzt man aber die Größenordnungen in Beziehung zueinander, dann kann man sagen: Tatsächlich relevant wird diese Höhenstrahlung nur für Menschen, die sehr viel fliegen, vor allem für Flugbegleiter und Piloten. Die Physikalisch-Technische Bundesanstalt hat ausgerechnet, dass für diese Personengruppe die durchschnittliche jährliche Strahlenbelastung fünf Millisievert beträgt – ein Viertel mehr, als der Durchschnittsbürger abbekommt. Sollte man wegen der Strahlenbelastung auf Langstreckenflüge verzichten? Wer dieses Risiko scheut, sollte auch anderen Strahlenquellen aus dem Weg gehen und zum Beispiel nicht mehr ins Gebirge fahren oder gar dort wohnen. Gegenüber der Zusatzdosis, die er dort bekommt, sind die Strahlen im Flugzeug vergleichsweise gering.

Muscheln sollte man nur
in Monaten mit «r» verzehren

Stimmt. Nach Auskunft von Friedrich Buchholz von der Biologischen Anstalt Helgoland gibt es mehrere Gründe, warum man in den Monaten Mai bis August (das sind genau die ohne «r») nicht unbedingt frische Muscheln essen sollte. Kaum noch gültig ist das Argument der Haltbarkeit: Während früher die Muscheln in den warmem Sommermonaten leicht verdarben, kann das bei der heutigen Kühltechnik kaum noch vorkommen.

Der Hauptgrund ist ein geschmacklicher: Die Tiere laichen im Mai, und danach fehlen ihnen erstens die Geschlechtszellen (was sich offenbar auf den Geschmack auswirkt), und außerdem sind sie sowieso ziemlich abgemagert – die Fortpflanzung fordert ihren Tribut. «Die sind ausgepowert», formuliert es Professor Buchholz.

Der zweite Grund ist ein ökologischer: Muscheln sind lebendige Filter. Bis zu 50 Liter Wasser saugt eine Miesmuschel pro Stunde durch sich durch, in drei Wochen wird das gesamte Wattenmeer einmal von Muscheln gefiltert. Da bleiben natürlich auch Schadstoffe zurück – nicht nur die vom Menschen eingebrachten, also zum Beispiel Schwermetalle, sondern auch natürliche, etwa in Algen enthaltene Giftstoffe. Und die Algen blühen in den Sommermonaten besonders stark. Das geht ebenfalls auf den Geschmack, und außerdem ist es nicht gerade gesund.

Trotzdem braucht man kaum Angst vor einer Muschelvergiftung zu haben. In den Sommermonaten werden ohnehin kaum Muscheln «geerntet», und das Muschelfleisch gehört zu den am besten überwachten und kontrollierten Lebensmitteln.

Die weiblichen Hormone im Hopfen sind für den Bierbauch verantwortlich

Stimmt nicht. Zwar enthalten die weiblichen Hopfenblüten, die dem Bier zugefügt werden, tatsächlich Stoffe, die mit den weiblichen Hormonen des Menschen verwandt sind. Es gibt Anekdoten, nach denen die Hopfenzupferinnen deshalb früher unter Störungen der Monatsregel zu leiden hatten.

Fragt sich nur: Wie viel von diesen Substanzen gelangt ins Bier? Eine Studie an der TU München, Abteilung Weihenstephan (Achtung: Brauindustrie!), untersuchte 19 Biersorten auf den Gehalt an östrogenwirksamen Stoffen (das sind solche, die sich an die entsprechenden Rezeptoren in unserem Körper binden). Ergebnis: In elf Proben fanden die Forscher überhaupt nichts, und in den anderen waren nur Spuren nachweisbar. Die Forscher rechneten aus, dass man 1000 Liter Bier pro Tag trinken müsste, um einen spürbaren Effekt zu erzielen.

Wie entsteht also die Wampe? «Multifaktoriell», sagen die Experten. Da ist zunächst der Kaloriengehalt des Bieres: Der Liter enthält etwa 450. Hinzu kommt, dass der Alkohol die Fettoxidation hemmt, sprich: Fett kann sich leichter in Form von Polstern ablagern. Das haben Experimente in der Schweiz ergeben, bei denen Testpersonen ein Viertel ihres Kalorienbedarfs durch Alkohol deckten. Obwohl die Kalorienzahl unverändert blieb, wurde das Fett schlechter abgebaut.

Schwerer wiegt aber wohl die appetitanregende Wirkung des Gerstensafts. Der idealtypische Biertrinker greift halt neben der Maß gern zur Haxe. Ist das bei Weintrinkern anders? Gemäß dem herrschenden Klischee sind sie eher Genießer, die allenfalls ein paar Nouvelle-Cuisine-Gemüsestangen knabbern. Die

Brauwirtschaft, immer um ihr Dickmacher-Image besorgt, hat dagegen den Test gemacht und Bier- und Weintrinker auf die Waage gestellt. Das Ergebnis: Der mäßige Biertrinker ist sogar ein bisschen schlanker als der Weinfreund.

Stille Wasser sind tief

Stimmt nicht. Es geht hier natürlich nicht um die übertragene Bedeutung des Sprichworts, bei der es um schweigsame Menschen und ihre tiefgründige Persönlichkeit geht. Die Rede ist von Seen, und es geht um die Frage, ob man von ihrer Oberfläche auf die Wassertiefe schließen kann.

Die Wassertiefe kann zwar mit dem Verhalten der Wellen zu tun haben – das sieht man, wenn Wellen sich am Strand brechen. Das ist aber nur der Fall, wenn die Welle etwa so hoch ist wie das Wasser tief. Auf einem 20 Meter tiefen See kräuselt sich dagegen die Oberfläche genauso wie auf einem 100 Meter tiefen, und das Sprichwort hat wohl in diesem Zusammenhang kaum einen realen Hintergrund.

Für fließende Gewässer, etwa für Bergbäche, könnte dagegen in der Redensart ein Körnchen Wahrheit stecken. Auf die Idee hat mich Dirk Ditschke gebracht, wissenschaftlicher Mitarbeiter am Institut für Strömungsmechanik der Universität Hannover. Wenn ein Fluss an einer Stelle plötzlich tiefer wird, dann vergrößert sich der Querschnitt, den das Wasser durchfließt. Und damit verringert sich die Fließgeschwindigkeit. Langsameres Wasser hat aber auch eine ruhigere Oberfläche. An der stilleren Stelle ist der Fluss also tatsächlich tiefer. Ob das die Grundlage für das Sprichwort ist, darf aber bezweifelt werden.

Es ist energetisch günstiger, wenn man in Abwesenheit die Wohnung «durchheizt»

Stimmt nicht. Was den Energieverbrauch angeht, ist die Rechnung recht einfach: Jedes Herunterdrehen der Heizung spart Energie, weil das Haus bei niedrigerer Temperatur weniger Wärme an die Umgebung abgibt. Die Frage ist nur, ob es praktikabel und komfortabel ist. Herkömmlich gebaute Häuser reagieren nämlich sehr träge auf die Heizung.

Und das hat wenig damit zu tun, wie gut die Wärmedämmung des Hauses ist, die mit dem allen Bauherren bekannten «k-Wert» gemessen wird. Der Physiker Christian Lehmann vom Forschungszentrum Jülich machte nach einem Skiurlaub einmal eine bittere Erfahrung: Während man in einer völlig ausgekühlten Skihütte, die sicherlich nicht sehr gut isoliert ist, in kurzer Zeit mit dem Ofen eine behagliche Temperatur erzeugen kann, brauchte er zu Hause drei Tage, um sein massives Steinhaus wieder auf eine angenehme Temperatur zu bringen. Zwar erwärmt sich die Luft recht schnell auf Temperaturen über 20 Grad, aber die kalten Wände und Böden machen es ungemütlich.

Sein Schluss daraus: Man sollte nicht nur auf den k-Wert starren, der die Qualität der Isolierung misst, sondern auch auf die so genannte «Wärmeeindringzahl». Je kleiner die ist, umso schneller lässt sich eine Wand wieder aufheizen, ohne dass die Wärme gleich in die tieferen Schichten abfließt. Holz hat eine kleine Wärmeeindringzahl, Stein eine große. Aber schon eine dünne, gut isolierte Holzverkleidung auf einer Steinwand wirkt Wunder. Dann kann der Bewohner ohne großen Komfortverlust vom «stationären Heizen» (Heizung läuft durch) auf das «instationäre» umsteigen, möglichst mit einer zeitgesteuerten Zentralheizung.

Allzu knauserig sollte man aber mit der Heizung nicht umgehen: Wenn man die Wohnung zu sehr auskühlen lässt, dann kann es zur Bildung von Tauwasser kommen, weil kalte Luft nicht so viel Wasserdampf aufnehmen kann wie warme. Es drohen feuchte Wände und Schimmelpilze.

Fensterputzen bei Sonnenschein
führt zu Putzstreifen

Stimmt bedingt. «Bei den Hausfrauen ja, bei uns nicht», sagt Detlef Benthien von der Gebäudereinigungsfirma Mr. Clean in Dollerup selbstbewusst. Das liege daran, dass professionelle Fensterputzer eine andere Technik verwendeten.

Hausfrauen und Hausmänner putzen meistens so, dass sie die Fenster mit Spüllauge und einem nassen Lappen wischen und dann mit klarem Wasser und einem Fensterleder nachwischen. Mit dem Leder wird die «Reinigungsflotte» (so nennt sich das Gemisch aus Wasser, Reinigungsmittel und Schmutz) nicht vollständig entfernt. Wenn dann die Sonne direkt auf die möglicherweise gar noch aufgeheizte Scheibe knallt, trocknet dieser Film schneller, als man mit dem Wischen nachkommt, und die hässlichen Streifen können entstehen.

Professionelle Fensterputzer dagegen wischen nur einmal mit einem Gemisch, das nur wenig Spülmittel enthält, und ziehen dann die Scheibe kunstvoll mit einem Gummi ab. Der Trick besteht darin, das in einem Zug so zu tun, dass nirgends ein Wasserrest auf der Scheibe bleibt. Detlef Benthien hat nach eigener Angabe eineinhalb Jahre gebraucht, um diese Technik zu perfektionieren. «Das zeigt, dass man auch dafür Experten braucht», sagt er stolz.

Das «Fruchtfleisch» in Orangensaft besteht aus Baumwolle

Stimmt nicht. Alle möglichen Stoffe sollen sich gerüchteweise im O-Saft befinden – neben der Baumwolle ist manchmal auch die Rede von klein gehäckselten Hühnerfedern oder Sägemehl. Offenbar traut der Verbraucher den Lebensmittelherstellern inzwischen viel Phantasie zu.

Die Wahrheit zum Orangensaft: Was da reindarf, regelt die so genannte Fruchtsaftverordnung, und die sagt, einfach ausgedrückt, dass im Saft außer Wasser nichts drin sein darf, was nicht schon in der Orange war. Insbesondere darf das «bei der Konzentrierung des ursprünglichen Fruchtsaftes abgetrennte Fruchtfleisch ... dem Erzeugnis bis zu der im ursprünglichen Saft enthaltenen Menge wieder zugeführt werden.»

Die Praxis sieht so aus: Die Orangen werden im Herkunftsland (das ist meist Brasilien) gepresst, das Fruchtfleisch wird herausgesiebt und eingefroren. Den Saft konzentriert man auf etwa ein Fünftel der ursprünglichen Menge und friert ihn ebenfalls ein. Dann wird alles nach Europa verschifft, das Konzentrat wird mit Wasser auf sein ursprüngliches Volumen gestreckt, und in die Sorten «mit Fruchtfleisch» kommt noch etwas von der gefrorenen «Pulpe». Also keine Baumwolle. Saft gehört damit tatsächlich zu den «natürlichsten» Dingen, die wir im Laden kaufen können.

Man kann sich mit benutzten Taschentüchern immer wieder selber anstecken

Stimmt nicht. Der Gebrauch von Stofftaschentüchern ist ja in den letzten Jahren erheblich zurückgegangen, und so laufen heute wohl kaum noch verschnupfte Zeitgenossen mit triefenden Tüchern in der Tasche herum. Das ist sicherlich aus ästhetischen Gründen zu begrüßen – mit dem Risiko der Selbstansteckung hat es jedoch nichts zu tun, auch wenn viele Mütter das immer wieder beteuern.

Wenn der Körper den Schnupfen bekämpft, erklärt Susanne Polywka von der Hamburger Universitätsklinik, dann baut er Antikörper gegen die Viren auf. Sind alle Viren besiegt, ist der Schnupfen vorbei, und das gleiche Virus kann demselben Menschen für lange Zeit nichts mehr anhaben. Auch das Risiko einer zusätzlichen Infektion durch Bakterien, die sich auf dem Rotzlappen vermehren, hält die Ärztin für vernachlässigbar. Allenfalls bei einer echten Influenza bestünde die Gefahr einer solchen zusätzlichen Infektion.

Eine wirkliche Selbstansteckung ist nur möglich, wenn die Virusinfektion lokal begrenzt ist. Das ist etwa bei Warzen der Fall.

Orangenschalen soll man nicht in den Kompost geben

Stimmt teilweise. Den Tipp kann man immer wieder in Broschüren lesen, auch mit Bezug auf Zitronen- und Bananenschalen. Manche Zeitgenossen verbinden damit die Vorstellung, dass die Obstsorten, die bei uns nicht heimisch sind, unseren Mikroorganismen und Würmern nicht schmecken und daher in unseren Gefilden nicht verrotten.

Tatsache ist: Obst und Gemüse bestehen überall auf der Welt aus den gleichen Grundsubstanzen, und die Mikroben sind da nicht sehr wählerisch. Wir Menschen vertragen die exotischen Pflanzen ja auch. Sie brauchen zum Verrotten allenfalls ein bisschen länger. Auch die Säure der Zitrusfrüchte bringt das Kompost-Biotop nicht aus dem Gleichgewicht. Der einzige triftige Grund, diese Obstabfälle nicht auf den Komposthaufen zu werfen: Gerade die Früchte, deren Schale nicht zum Verzehr gedacht ist, sind oft stark mit Schädlingsbekämpfungsmitteln und Konservierungsstoffen behandelt worden. Ist das Obst unbehandelt oder stammt es aus biologischem Anbau, so ist aber gegen eine Kompostierung nichts einzuwenden.

Bei einem Reiterstandbild kann man an der Stellung der Pferdehufe erkennen, wie der Reiter ums Leben kam

Stimmt nicht. Die angebliche Regel lautet: Steht das Pferd auf allen vieren, ist der Reiter unverletzt aus der Schlacht hervorgegangen. Bei einem erhobenen Bein ist er verwundet worden, bei zwei Beinen im Kampf gefallen.

Abgesehen davon, dass die Künstler die Statik von Pferden, die nur auf den Hinterbeinen stehen, noch gar nicht so lange beherrschen – welchen Sinn sollte ein solcher «Geheimkode» unter Bildhauern haben? Der Bielefelder Historiker Reinhart Koselleck, ein Experte für Reiterstandbilder der jüngeren Geschichte, verweist darauf, dass es vor dem 19. Jahrhundert nicht üblich war, Könige oder Feldherren sterbend in Skulpturen abzubilden – von daher wäre es vielleicht plausibel, dass der Künstler durch ein solches Zeichen auf den heldenhaften Tod des Abgebildeten hinweisen wollte. Aber gehört hat Koselleck von einer solchen Regel noch nie. Und was nützt ein solcher Geheimkode, wenn nicht einmal die Fachleute ihn verstehen?

Überhaupt scheint diese Legende in den USA bekannter zu sein als bei uns. Dort hat mein Kollege Cecil Adams, berühmter Legendenwiderleger beim *Chicago Reader*, sich einmal die Mühe gemacht, die Sache empirisch zu überprüfen. Er untersuchte eine internationale Stichprobe von 18 Reiterstandbildern, die Feldherren wie Napoleon und Washington darstellten. Sein Ergebnis: Achtmal stimmte die Fußstellung des Pferdes mit der Regel überein, achtmal nicht (bei den übrigen zwei Generälen hatte er nicht genügend Informationen). Das reicht wohl aus, um die «Regel» ins Reich der Legenden zu verweisen.

Adolf Hitler war Vegetarier

Stimmt. Es kommt allerdings ein bisschen darauf an, wie man Vegetarier definiert. Tatsächlich hat der Diktator zumindest nach 1930 kaum noch Fleisch gegessen. Das hatte wohl vor allem mit chronischen Verdauungsbeschwerden zu tun. Das «Medical Casebook of Adolf Hitler» von Leonard und Renate Heston beschreibt drastisch, dass Hitler oft nach dem Essen von Krämpfen geplagt wurde. Gewöhnlich verließ er dann den Raum, manchmal begleitet von Flüchen, wie Albert Speer beschrieb. Nach der Versuch-und-Irrtum-Methode entwickelte er nach und nach «eine exzentrische Diät», «die fast vegetarisch war». Müsli und Rohkost waren seine Hauptnahrung. Auch wenn andere Quellen von dem einen oder anderen Würstchen oder Täubchen berichten, kann man wohl sagen, dass Hitler sich vegetarisch ernährte.

Die andere Frage ist, ob diese Ernährung neben dem praktischen auch einen weltanschaulichen Hintergrund hatte. Hitler-Biograph Robert Payne hält das Bild vom vegetarischen, nicht rauchenden und asketisch lebenden Führer für ein Propagandakonstrukt, das vor allem von Goebbels gepflegt wurde. Tatsächlich hat es in der Nazizeit nie öffentliche Aktionen gegen den Fleischkonsum gegeben (im Gegensatz zu massiven Antiraucherkampagnen). Die Vegetarierorganisationen hatten sogar unter Repressalien zu leiden. Andererseits wäre Hitler nicht Hitler gewesen, hätte er nicht auch noch seine Ernährungsweise mit einer selbst gestrickten Theorie ideologisch überhöht. In seiner medizinischen Biographie «Patient Hitler» zitiert Ernst Günther Schenck Passagen wie diese aus Hitlers Monologen im Führerhauptquartier: «Ich glaube, dass der Mensch zum Fleisch gekommen ist, weil die Eiszeit ihn in Not gebracht hat. Zugleich kam er zum Kochen, was sich heute schädlich auswirkt.»

Vegetarierorganisationen wehren sich vehement gegen den Vorwurf, Hitler sei einer der Ihren gewesen. Sie sollten es gelassen sehen wie der Vegetarier und radikale Tierschützer Peter Singer, der lapidar kontert: «Die Tatsache, dass Hitler eine Nase hatte, bedeutet ja auch nicht, dass wir uns die Nase abschneiden müssen.»

Der reißfeste und laufmaschenfreie Damenstrumpf ist längst erfunden

Stimmt. Dass Damenstrümpfe leicht reißen, liegt an der Physik – und da sind Wunder selten. Die Kundinnen legen Wert darauf, dass das Gewebe quasi unsichtbar ist. Bei einer Fadenstärke von 20 Denier – das ist die Einheit, in der das gemessen wird – wiegt der Kilometer Garn gerade noch zwei Gramm. Da reißt der Faden schnell, auch wenn die heutigen Kunststoffe in ihrer Robustheit mit Stahl vergleichbar sind. Also: je dünner, desto reißfreudiger.

Ob ein Strumpf nach einer kleinen Beschädigung Laufmaschen entwickelt, liegt wiederum daran, wie er gestrickt ist. Tatsächlich werden immer mal wieder so genannte maschenfeste Strümpfe angeboten. Wenn bei denen der Faden an einer Stelle reißt, dann läuft die Masche nicht weiter, sondern es bildet sich ein Loch von mehreren Millimetern Durchmesser. Der Nachteil: Das Maschenbild dieser Strümpfe ist nicht so ebenmäßig. Und mit Löchern möchte auch nicht jede Kundin herumlaufen.

Woran liegt es nun, dass die maschenfesten Strümpfe heute kaum noch zu kaufen sind? Ist es eine Verschwörung der Hersteller, die mit Wegwerfprodukten mehr Geld verdienen können? Auch wenn ich nach der Veröffentlichung der *ZEIT*-Kolumne Post von einer Leserin bekam, die ein Loblied auf diese Strümpfe sang – ich glaube eher, dass der Wunsch der Kundschaft nach «unsichtbaren» und ebenmäßigen Strümpfen dafür gesorgt hat, dass die stabileren Varianten sich nicht durchsetzen konnten.

Wenn die Werbung kommt, drehen die Fernsehsender den Ton lauter

Stimmt nicht ganz. Die Spots, die von den Werbetreibenden an die Sender gegeben werden, müssen technisch in Ordnung sein, und dazu gehört, dass sie einen bestimmten Lautstärkepegel nicht überschreiten dürfen. So gesehen ist also alles in bester Ordnung.

Nur hat der absolute Spitzenpegel nicht viel mit der empfundenen Lautstärke zu tun: Ein Spielfilm, in dem ein Schuss fällt und ansonsten geschwiegen wird, hat den gleichen Spitzenpegel wie ein Werbespot, in dem die ganze Zeit ein Musik-Jingle im gerade noch erlaubten Dezibel-Bereich dudelt. Der wichtigste Trick der Werbeleute ist die so genannte Kompression: Dabei werden die lauten Passagen eines Spots gedämpft und die leisen angehoben, was subjektiv lauter wirkt. Die «gefühlte Lautstärke» ist bei der Werbung also gewiss größer als beim normalen Programm.

Die Zeitschrift *Hörzu* hat einmal bei den größten Sendern nicht die Spitzenwerte, sondern die durchschnittlichen Pegel von Werbung und Programm verglichen. Ergebnis: Dieser Durchschnitt war bei der Werbung um bis zu 140 Prozent lauter, und zwischen den Sendern gab es erhebliche Unterschiede. Bei RTL zum Beispiel hob sich die Werbung kaum vom Programm ab. Das mag am Programm liegen – aber vielleicht gibt es bei RTL auch menschenfreundliche Tontechniker, die die Werbung einfach leiser drehen.

Bei manchen Menschen riecht nach dem Spargelessen der Urin eigenartig, bei anderen nicht

Stimmt. Wir müssen zwei Dinge unterscheiden: die Produktion der unangenehm riechenden Substanzen und deren Wahrnehmung. Bis 1980 galt es als gesichert, dass nur bei einem Teil der Bevölkerung nach dem Spargelessen der Urin «nach gekochtem, vergammeltem Kohl» riecht, wie der Biochemiker Stephen Mitchell vom Londoner University College das Odeur beschreibt. Je nachdem, in welcher Population man misst, sind es etwa 40 bis 50 Prozent. Diese «Fähigkeit» vererbt sich dominant gemäß den Mendel'schen Gesetzen. Allerdings ist die Wissenschaft weit davon entfernt, ein Gen dafür zu kennen.

1980 erschien dann im *British Medical Journal* eine Studie, die dieser Erkenntnis zu widersprechen schien: Die Autoren behaupteten, alle Menschen würden den Stinkurin produzieren, aber nur ein Teil sei für den Geruch empfänglich. Diese sensible Minderheit von zehn Prozent könne den Gestank auch im Urin anderer wahrnehmen, die selbst davon gar nichts merken. Man will sich die Versuchsanordnung gar nicht ausmalen.

Es mag diese hypersensiblen Riecher geben, aber dass die eine Hälfte der Menschheit den Spargel tatsächlich anders verdaut als die andere, ist mittlerweile experimentell bestätigt worden. Mitchell und seine Kollegen haben 1987 in einer Arbeit für die Zeitschrift *Xenobiotica* sechs schwefelhaltige Substanzen identifizieren können, die für den Geruch verantwortlich sind. Allerdings weiß man nicht einmal, welche Inhaltsstoffe im Spargel zu diesen Substanzen abgebaut werden. Es bleibt also noch ein weites Feld für weitere Forschungen.

Man soll Fleisch heiß anbraten, damit sich die Poren schließen

Stimmt nicht. Das ist eine alte Küchenlegende, die gern in der Werbung für Bratfett verbreitet wird und ihren Weg auch in viele Kochbücher gefunden hat.

Aber erstens hat Fleisch keine «Poren», wie Wolfgang Lutz vom Institut für Fleischforschung bestätigt, es gibt also keine Löcher, die es zu schließen gälte. Fleisch besteht aus Muskelzellen. Beim Anbraten werden die Oberflächenproteine der äußeren Zellen karamellisiert, diese so genannte Maillard-Reaktion sorgt für die wohlschmeckende Kruste. Es gibt aber keinerlei Anzeichen dafür, dass diese Kruste wasserdicht ist und irgendwelche Säfte am Austreten hindern kann.

Hervé This-Benckhard, Autor des populärwissenschaftlichen Buchs «Rätsel der Kochkunst», führt ein paar simple Indizien dagegen an: Der Fond, der sich in der Pfanne sammelt, ist nichts weiter als eingedampfter Fleischsaft. Und wenn man ein gebratenes Steak auf den Teller legt, sammelt sich sofort eine kleine Saftlache.

Auch der Amerikaner Harold McGee hat in seinem Buch «On Food and Cooking» die weit verbreitete Porenlegende widerlegt. Die Experten raten im Gegenteil zum Garen bei niedrigen Temperaturen, wenn das Fleisch saftig bleiben soll. Der einzige Vorteil des scharfen Anbratens liegt in der kurzen Garzeit – der Saft hat dann nicht genügend Zeit, das Fleisch zu verlassen.

Und zwei Sachen sollte man beim Braten unbedingt unterlassen: erstens, das Fleisch anzustechen – so schafft man erst die legendären Poren. Und man sollte es vorher nicht salzen, denn so zieht man durch Osmose die Flüssigkeit aus dem Steak.

Kaffee kühlt schneller ab, wenn man die Milch gleich dazugibt

Stimmt nicht. Machen wir es uns an einem Zahlenbeispiel klar: Der Kaffee sei 80 Grad heiß, die Milch habe ebenso wie die Umgebung 20 Grad, die gewünschte Trinktemperatur betrage 40 Grad. Und die Milchmenge sei der Einfachheit halber gleich der Kaffeemenge. Schüttet man die Milch gleich hinein, dann hat die Mischung eine Temperatur von 50 Grad, muss also nur noch um 10 Grad abkühlen. Im anderen Fall lässt man den Kaffee alleine auf 60 Grad abkühlen und mischt ihn dann mit der Milch. Was geht schneller?

Isaac Newton hat als Erster eine Formel für das Abkühlen von Flüssigkeiten aufgestellt. Eine Exponenzialfunktion, in die neben der Flüssigkeits- und Umgebungstemperatur auch die Masse der Flüssigkeit eingeht. Grob gesagt: Je größer der Temperaturunterschied, desto schneller kühlt die Flüssigkeit ab. Deshalb ist es sinnvoll, den hohen Temperaturunterschied zu Beginn auszunutzen und erst nachher die Milch dazuzugeben.

Wer das alles auch quantitativ nachvollziehen will, der muss sich durch ein paar Formeln kämpfen: Nach Newton beträgt die Temperatur T zum Zeitpunkt t

$$T = T_U + (T_A - T_U)\, e^{-kt}$$

Dabei ist T_U die Umgebungstemperatur und T_A die Anfangstemperatur der Flüssigkeit. Hinter k verbirgt sich eine Konstante, in die einige Faktoren eingehen:

$$k = \alpha \cdot A / c \cdot m$$

α ist ein Wärmeübergangskoeffizient, A die Wärme abstrahlende Fläche, c die Wärmekapazität der Flüssigkeit und m ihre Masse. Für unsere beiden Fälle können wir der Einfachheit halber nur die Masse als variabel ansehen, sodass wir schreiben können:

$$k = C / m$$

mit einer festen Konstanten C.

Nun betrachten wir zwei Fälle: Im ersten lassen wir den Kaffee der Masse m abkühlen und schütten zum Zeitpunkt t die Milch dazu. Für diese Temperatur T_1 gilt:

$$T_1 = (T_U + (T_{A1} - T_U)\, e^{-Ct/m} + T_U) / 2$$

$$= T_U + ((T_{A1} - T_U) / 2) \cdot e^{-Ct/m}$$

Zur Erklärung: Der Kaffee kühlt von der Anfangstemperatur T_{A1} gemäß der Newton'schen Formel ab, dann kommt die gleiche Menge Milch mit der Temperatur T_U dazu, sodass der Mittelwert aus beiden Temperaturen gebildet werden muss.

Zweiter Fall: Die Milch kommt sofort dazu. Dann gilt gemäß der Newton'schen Formel

$$T_2 = T_U + (T_{A2} - T_U)\, e^{-Ct/2m}$$

T_{A2} ist aber genau das Mittel aus T_{A1} und T_U, also

$$T_{A2} = (T_{A1} + T_U) / 2$$

Setzt man das ein, so erhält man

$$T_2 = T_U + ((T_{A1} - T_U) / 2 - T_U)\, e^{-Ct/2m}$$

$$\quad = T_U + ((T_{A1} - T_U) / 2)\, e^{-Ct/2m}$$

Nun bilden wir die Differenz von T_2 und T_1:

$$T_2 - T_1 = \tfrac{1}{2} \cdot (T_{A1} - T_U) \cdot (e^{-Ct/2m} - e^{-Ct/m})$$

Schaut man sich das Produkt auf der rechten Seite an, so sieht man, dass alle Faktoren stets größer als 0 sind (die Anfangstemperatur des Kaffees ist größer als die Umgebungstemperatur, und der Exponent $-Ct/2m$ ist ist größer als $-Ct/m$ und damit auch die Exponenzialfunktion). Egal, zu welchem Zeitpunkt t man die Milch dazugießt – das Ergebnis ist immer kälter, als wenn man die Milch gleich am Anfang in den Kaffee geschüttet hätte.

Der tropische Regenwald verbraucht mehr Sauerstoff, als er erzeugt

Stimmt manchmal. Die «grüne Lunge», als die der Regenwald auch gern bezeichnet wird, ist nicht unbedingt eine Sauerstoffquelle. Tatsächlich gibt das Amazonasbecken in manchen Jahren mehr Kohlendioxid ab, als es produziert – es «verbraucht» also Sauerstoff. Das ergaben jedenfalls Modellrechnungen von Klimaforschern des Max-Planck-Instituts für Biochemie in Jena, denn konkret messbar ist die Kohlenstoff- und Sauerstoffbilanz eines so riesigen Gebiets natürlich nicht. In den so genannten El-Niño-Jahren, in denen im Regenwald weniger Niederschlag fällt, ist die CO_2-Bilanz positiv, es geht also mehr raus als rein. Das gilt wohlgemerkt für das Amazonasgebiet als Ganzes – und das besteht nicht nur aus unberührtem Regenwald, sondern auch aus trockenen Savannen und den von Menschen gerodeten Flächen. Der unberührte Urwald produziert jedoch mehr Sauerstoff, als er verbraucht. Und im langjährigen Mittel gilt das auch für die gesamte Region.

Aber selbst wenn die Bilanz einigermaßen ausgeglichen wäre, hieße das natürlich nicht, dass man nun sorglos weiter Regenwaldflächen roden könnte. Denn jede neue Rodung verschlechtert die Bilanz gleich auf doppelte Weise: Die Verbrennung der Bäume bläst eine Kohlenstoffmenge in die Luft, die erst in etwa 100 Jahren wieder angesammelt wird. Zudem sind die gerodeten Flächen aufgrund der veränderten Flora und Fauna für lange Zeit eine Quelle von CO_2.

In Brötchen befand sich früher ein Zusatz, der aus den Haaren von Chinesen gewonnen wurde

Stimmt. Es klingt unglaublich, aber bis vor einigen Jahren musste der deutsche Verbraucher tatsächlich befürchten, dass sein knuspriges Frühstücksbrötchen Stoffe enthielt, die aus asiatischem Menschenhaar gewonnen wurden (wenn auch nicht, wie eine Boulevardzeitung das einmal überhöhte, aus den «Schamhaaren thailändischer Prostituierter»). Genauer gesagt, geht es um das so genannte Cystein, eine Aminosäure, die den Teig geschmeidiger macht – es hat also nichts mit dem Aroma zu tun, wie manchmal behauptet wird. Cystein kann man aus Tier- und Menschenhaaren gewinnen, und die Importhaare aus Indien oder China waren eben billiger als heimische Ware. Auf 100 Kilogramm Mehl gibt man etwa ein Gramm der Substanz.

Chemisch ist dagegen nichts einzuwenden. Cystein kann man auf natürliche und synthetische Weise herstellen, es ist immer der gleiche Stoff. Aber unappetitlich klingt es schon – man will ja auch kein Wasser trinken, das aus Urin destilliert wurde, auch wenn es chemisch rein ist (um ein drastisches Beispiel zu nennen). Als die Sache mit den Haaren bekannt wurde, verpflichteten sich daher die deutschen Backmittelhersteller, auf den Import von Menschenhaar zu verzichten.

Ganz sicher können die europäischen Brot-, Brötchen- und Keksesser seit dem 1. April 2001 sein. Da trat nämlich eine EU-Richtlinie in Kraft, in der es zum Cystein ausdrücklich heißt: «Menschliches Haar darf nicht als Ausgangsmaterial für diese Substanz verwendet werden.» Jetzt kann die Backzutat allenfalls noch aus Schweineborsten stammen.

Die heutige Länge des Marathonlaufs wurde 1908 auf Wunsch des britischen Königshauses so festgelegt

Stimmt. Die Distanz beim Marathon war nicht immer 42,195 Kilometer. Ursprünglich war der Lauf eine Erfindung von Michel Bréal, einem Freund von Pierre de Coubertin, dem Vater der Olympischen Spiele der Neuzeit. Die Legende vom Läufer Pheidippides, der in der Antike die Kunde vom Sieg in der Schlacht von Marathon überbrachte und dazu die etwa 40 Kilometer lange Strecke nach Athen laufen musste, war ein schöner Aufhänger für einen Langstreckenlauf, und bei den ersten Spielen 1896 in Athen wurde auch tatsächlich diese klassische Strecke gelaufen.

In den ersten Jahren scherte man sich kaum um die exakte Länge des Marathonlaufs. Die Strecke wurde halt so angelegt, dass es etwa 40 Kilometer waren. Bei den Spielen in London 1908 sollte der Parcours zunächst auf 26 Meilen (knapp 42 Kilometer) verlängert werden, damit er vom Schloss Windsor, wo die königlichen Sprösslinge den Start beobachten konnten, bis ins White-City-Stadion reichte. Die Ziellinie im Stadion hätte dann aber gegenüber der königlichen Loge gelegen. Königin Alexandra soll dagegen protestiert haben – jedenfalls wurde noch eine Dreiviertelrunde draufgelegt, genau 385 Yards, und so kam die «krumme» Distanz von 42 Kilometern und 195 Metern zustande. Diese Anekdote ist auch die Ursache für einen Brauch unter angelsächsischen Marathonläufern, sich kurz vor dem Ziel mit einem gehechelten «God save the Queen!» bei der Königin für die harten zusätzlichen Yards zu bedanken.

Bei den folgenden Spielen wurden wieder ganz andere Strecken gelaufen. Erst im Jahr 1921 legte der internationale Leicht-

athletikverband IAAF die heute noch verbindliche Marathon-
distanz fest, und seit 1924 geht auch das olympische Rennen
über diese Entfernung.

Das Internet hat seine dezentrale Struktur, damit es einen Atomschlag überleben kann

Stimmt nicht. Auch wenn in Artikeln über die Geschichte des Internets immer wieder behauptet wird, die amerikanischen Wissenschaftler hätten die dezentrale Struktur des Netzes so entworfen, dass es möglichst lange funktioniert, auch wenn einzelne Knoten durch Bomben ausgeschaltet werden.

Ich hatte vor einiger Zeit die Gelegenheit, den Vater des Internets zu dieser alten Legende zu befragen. Oder sagen wir: einen der Väter. Denn diese Vaterschaft beanspruchen ja viele für sich. Leonard Kleinrock ersann an der University of California in Los Angeles (UCLA) das geniale Verfahren, die Daten in kleinen Paketen über Leitungen durch die Welt zu schicken.

Zwar wurden die ersten Internet-Knoten von der Advanced Research Projects Agency (Arpa) finanziert, die damals für das Verteidigungsministerium Forschungsprojekte förderte. Die Agentur suchte nach einer Methode, die damals knappen Rechenkapazitäten der einzelnen Hochschulen durch den Austausch von Daten besser auszunutzen. Aber es waren in der Mehrzahl zivile Projekte, die damals unterstützt wurden. Und auch Kleinrock dachte bei seinen Forschungen nicht an nukleare Auseinandersetzungen. «Das ist ein Mythos», sagt er.

Während die ersten Worte, die über das Telefon oder den Fernschreiber geschickt wurden, legendär sind, weiß kaum jemand etwas über die erste Kommunikation im Internet, das damals noch Arpanet hieß. Die fand am 29. Oktober 1969 statt, zwischen einem UCLA-Computer und einem Rechner am Stanford Research Institute. Es sollten die Buchstaben LOG (für «Login») übermittelt werden. Parallel sprachen die Techniker übers Telefon. «Hast du das L?» – «Ja!» – «Hast du das O?» – «Ja!» – «Hast du das G?» Dann stürzte der Rechner ab.

Luther sagte: «Was rülpset und furzet ihr nicht, hat es euch nicht geschmacket?»

Stimmt nicht. Eine Menge Sprüche sind angeblich vom Reformator überliefert. Doch die meisten wurden ihm erst nachträglich zugeschrieben. So ist es mit den Worten: «Hier stehe ich und kann nicht anders!», die er auf dem Reichstag zu Worms ausgerufen haben soll, als er sich weigerte, seine Thesen zu widerrufen. So ist es mit dem Ausspruch: «Wenn ich wüsste, dass morgen die Welt unterginge, würde ich heute ein Apfelbäumchen pflanzen», der erst seit dem vergangenen Jahrhundert kursiert. Und so ist es mit dem deftigen Tischspruch. Helmar Junghans, emeritierter Luther-Experte von der Universität Leipzig, führt die Flut angeblicher Luther-Zitate darauf zurück, dass vor allem im 18. Jahrhundert «manche Kreise ihren Lebensstil mit Luther-Zitaten belegen wollten». Das sieht man auch sehr schön an dem nicht nachgewiesenen Spruch «Wer nicht liebt Wein, Weib und Gesang, der bleibt ein Narr sein Leben lang.» Wer nach einem deftigen Luther-Zitat sucht, das tatsächlich belegbar ist, der findet vielleicht an diesem Gefallen: «Wenn ich hier einen Furz lasse, dann riecht man das in Rom.»

Schlangen können Kaninchen hypnotisieren

Stimmt nicht. Betrachten wir das Problem zunächst von der Schlangenseite: Die Reptilien haben keine hypnotischen Fähigkeiten; da kann die Schlange Kaa im «Dschungelbuch» noch so oft ihre spiraligen Augen rollen und Mowgli in Trance säuseln. Ein Grund, warum man ihnen das unterstellt, ist vielleicht, dass sie keine Augenlider haben – das lässt den Blick eigentümlich starr erscheinen.

Und wie schaut es mit dem Kaninchen aus? Wenn das Tier tatsächlich regungslos sitzen bleibt, wie es die Redensart nahe legt, dann ist das zunächst einmal gar keine so schlechte Strategie. Denn wie bei vielen anderen Tieren reagiert auch bei Schlangen der Sehsinn besonders empfindlich auf Bewegungen. Es besteht also die Chance für das Häschen, durch die Starre unentdeckt zu bleiben. Der wichtigste Sinn der Schlange ist jedoch der Geruchssinn, der interessanterweise auf der Zunge sitzt. Auch winzige Temperaturschwankungen können die Reptilien wahrnehmen. Und dagegen hilft kein Stillhalten. Wenn die Schlange das Kaninchen gewittert hat, sollte dieses schleunigst das Hasenpanier ergreifen. Und das tut es auch.

Stoffscheren werden stumpf, wenn man Papier damit schneidet

Stimmt. Das ist die übereinstimmende Auskunft der Scherenhersteller. Durch das Schneiden von Papier kann eine Schneiderschere unbrauchbar werden. Reinhild Mohaupt von der Solinger Firma Robuso erklärt, dass diese Regel allerdings in der Vergangenheit stärker galt als heute. Im 19. Jahrhundert waren die Stähle, aus denen Scheren hergestellt wurden, weicher als heute. Und das Papier war noch nicht so fein, sondern enthielt viele harte Fasern. Die konnten die Schneide rasch stumpf machen. Oder ihr winzige Kerben zufügen, die zwar beim Papierschneiden nicht stören, aber bei einem feinen Seidenstoff Fäden ziehen können – damit ist dann kein sauberer Schnitt mehr möglich.

Heute stellt sich die Situation in mehrfacher Hinsicht anders dar: Der Stahl ist härter, das Papier ist feiner. Und vor allem gibt es nicht nur Naturfaserstoffe, sondern eine Vielfalt von Textilien mit teilweise sehr robusten Kunststoff-, Kohle- oder Keramikfasern. «Papier ist harmlos dagegen», sagt Reinhild Mohaupt. Deshalb sei es wichtig, für spezielle Zwecke auch immer Spezialscheren zu verwenden.

Und wie sieht es aus, wenn man Papierscheren zum Schneiden von Stoff benutzt? Das ist zwar nicht schädlich, aber ein ziemlich mühseliges Unterfangen, wie jeder weiß, der es einmal probiert hat. Die Schneiden einer Papierschere sind zu leicht und zu dünn, um ein dickes Stück Stoff zu schneiden. Wenn es zu dick ist, gehen die Schneiden einfach auseinander, und die Schere schneidet überhaupt nicht.

Manche Menschen wiegen mehr, weil sie einen «schweren Knochenbau» haben

Stimmt nicht. Es ist zwar eine schöne Entschuldigung fürs Übergewicht – klingt sie doch viel gesünder als die sonst gern zitierten «Hormonstörungen». Und da man sich die Knochen ja kaum weghungern kann, sind «schwere Knochen» ein perfekter Vorwand, um weiter den schmackhaften Dingen des Lebens zu frönen.

Nur: Es bleibt halt ein Vorwand. Zwar haben wirklich manche Menschen ein stabileres und damit auch ein schwereres Skelett als andere, aber damit kann man kein Übergewicht von zehn Kilo oder mehr erklären. Das Knochengerüst eines erwachsenen Menschen wiegt nämlich insgesamt nur um die zehn Kilogramm. Gestehen wir einem besonders Stämmigen einen 30 Prozent schwereren Knochenbau zu – dann sind das immer noch nur drei Kilo mehr. Die seien ihm gegönnt, alles darüber ist ein ganz gewöhnliches Übergewicht. Das Maß dafür ist der Body Mass Index: Gewicht geteilt durch das Quadrat der Körpergröße. Mit einem BMI ab 26 gilt man als zu dick. Und nur von ganz peniblen Rechnern muss dieser Index um einen Knochenbaufaktor bereinigt werden.

Von Wodka bekommt man keine «Fahne»

Stimmt. Die «Alkoholfahne», die man nach mancher durchzechten Nacht hat, besteht nur zum Teil aus Alkohol. Und dessen Geruch wird auch gar nicht unbedingt als unangenehm empfunden. Hans-Joachim Pieper, emeritierter Gärungstechnologe von der Universität Hohenheim, erzählt, dass viele Menschen erstaunt sind, wenn sie zum ersten Mal an reinem Ethylalkohol schnuppern. «Der riecht richtig angenehm, manche denken sogar, dass da Zucker drin ist.» Es sind andere Stoffe, die jedem alkoholischen Getränk sein charakteristisches Aroma geben – und deren Abbauprodukte auch für die weniger angenehmen Noten im Atem sorgen. Dabei geht es vor allem um Fuselöle (so heißen höherwertige Alkohole tatsächlich) oder gar schwefelhaltige Komponenten, die richtig faulig riechen können.

Pieper berichtet von persönlichen Erfahrungen mit Rum: «Da hat man eine irre Fahne, die mehrere Tage halten kann.» Die «Fahne» ist umso weniger unangenehm, je reiner das konsumierte Getränk ist. Im Idealfall sollte es nur aus Wasser und Ethylalkohol bestehen. Und Wodka ist der Schnaps, der diesem Ideal am nächsten kommt. Auch der Korn ist ein ziemlich «sauberes» Getränk. Aber selbstverständlich verrät auch der Atem eines Wodkatrinkers dessen Alkoholkonsum. Der Polizist bei der Alkoholkontrolle mag weniger angewidert sein von seinem Gegenüber – das Pusteröhrchen misst aber denselben Wert.

Seneca schrieb: *Non scholae, sed vitae discimus* – «Nicht für die Schule, sondern für das Leben lernen wir»

Stimmt nicht. Das Zitat des römischen Schriftstellers und Philosophen Seneca (4 vor Christus bis 65 nach Christus) lautet eigentlich umgekehrt: *Non vitae, sed scholae discimus –* «Nicht für das Leben, sondern für die Schule lernen wir», heißt es im 106. der Briefe an Lucilius über Ethik («Epistulae morales ad Lucilium»). Schon Seneca beklagte also, dass die Erziehung in der Schule kaum dazu geeignet sei, die jungen Menschen auf das Leben vorzubereiten – eine Klage, die sich im Lauf der Jahrhunderte kaum verändert hat. Irgendjemand meinte dann wohl, die Sache vom Pessimistischen ins Programmatische wenden zu müssen, und hat das Zitat kurzerhand umgedreht. Und weil es so schön ist, wird es seitdem in dieser Form weitergegeben.

Auch im Schatten wird man braun

Stimmt. Die Antwort ist in etwa dieselbe wie auf die Frage: Stimmt es, dass man auch im Schatten etwas sehen kann? Auf dem Mond ist es im Schatten tatsächlich pechschwarz, weil der keine Atmosphäre hat. Bei uns streut die Luftschicht das Licht, sodass ein Teil auch dahin kommt, wo die Sonne nicht direkt hinscheint.

Und das gilt für das ultraviolette Licht, das für Bräunung, Sonnenbrand und Hautkrebs verantwortlich ist, im Prinzip genauso wie für das sichtbare. Ein paar Besonderheiten gibt es: So lassen manche undurchsichtigen Textilien UV-Strahlen durch, sodass man unter einem entsprechenden Sonnenschirm verbrennt. Umgekehrt blocken manche Glassorten das UV-Licht fast völlig ab.

Wie viele bräunende Strahlen man im Schatten nun wirklich abbekommt, ist leider nicht so pauschal zu beziffern, erklärt Rüdiger Matthes vom Bundesamt für Strahlenschutz. Das kommt nämlich ganz auf die Umgebung an – Sand und Wasser reflektieren die Strahlen sehr gut, sodass am Strand der Wert sehr hoch sein kann. Man kann davon ausgehen, dass dort im Schatten 25 bis 50 Prozent der Strahlung an den Körper gelangen, die man in der Sonne abbekommen würde. Der Schatten hat dort also ungefähr denselben Sonnenschutzfaktor wie eine Creme mit dem Faktor zwei bis vier.

Querstreifen machen dick

Stimmt nur manchmal. Auch wenn die britische *Times* einmal angesichts eines Auftritts der Gattin von Prinz Edward in einem quer gestreiften Kostüm schrieb, Sophie hätte wissen müssen, dass Frauen «jenseits von 50 Kilogramm» auf Querstreifen verzichten sollten. In Büchern über optische Täuschungen wird dagegen oft behauptet, dass eine Fläche mit senkrecht verlaufenden Streifen breit erscheint, eine horizontale Gliederung die Figur in die Höhe streckt.

Auch wirkt ein Stapel von Münzen, der genauso hoch wie breit ist, optisch höher.

Anders ist es aber bei perspektivischen Streifen: Ein Flur, in dem die Dielen längs verlaufen, sieht schmaler und länger aus als einer mit quer liegenden Bodenbrettern. So eindeutig ist die Wirkung von Streifen also nicht.

Und wie ist es nun bei der Kleidung? Machen die Querstreifen am Leib dick? «Nein, das stimmt nicht», sagt Elke Drengwitz vom Fachbereich Modedesign der Fachhochschule Hamburg. Sie habe mit ihren Studenten schon die seltsamsten Dinge erlebt – etwa, dass eine gestreifte Bluse mal so und mal so wirke, je nach der Farbe der Streifen. Und auch die Streifenbreite und der Schnitt des Kleidungsstücks würden die optische Wirkung beeinflussen. Eine allgemeine Regel aufzustellen sei in der Mode unmöglich.

Es gibt mehr Sterne am Himmel als Sand am Meer

Stimmt. Schon in der Bibel werden die Zahl der Sterne und die Zahl der Sandkörner als Synonym für «sehr viel» verwendet, allerdings nicht miteinander verglichen. Die Behauptung, es gebe mehr Sterne als Sandkörner, wurde unter anderem von dem Astrophysiker und Fernsehmoderator Carl Sagan vorgebracht, der in seiner Sendung «Cosmos» einmal an einem Strand saß, eine Hand voll Sand durch seine Finger rinnen ließ und sinngemäß sagte, die Zahl der mit bloßem Auge sichtbaren Sterne sei etwa so groß wie die der Körner in seiner Hand; insgesamt gebe es aber mehr Sterne am Himmel als Sandkörner an allen Stränden der Erde.

Und wahrscheinlich hatte Carl Sagan Recht. Wobei es interessant ist, dass die beiden Werte recht nahe beieinander liegen. Und weil man sie nur sehr grob abschätzen kann, gibt es gewiss auch jemanden, der mit den Schätzungen genau andersherum argumentiert.

Fangen wir mit den Sternen an: Eine Galaxie wie unsere Milchstraße enthält etwa 100 Milliarden Sterne. Aber wie viele Galaxien gibt es im All? Vor ein paar Jahren sagten die Astronomen noch: eine Milliarde. Doch seit den Beobachtungen mit dem Hubble-Weltraumteleskop schätzt man eher: 100 Milliarden. Macht zusammen 10 Trilliarden oder 10^{22} Sterne. Ungefähr.

Nun zum Sand. Da gibt es zum Beispiel die Rechnung, die der 11-jährige Schüler William Stewart aus dem US-Staat North Carolina für einen Kinder-Wissenschaftskongress aufgestellt hat. Er ist ganz einfach an seinen Heimatstrand gegangen, den Topsail Beach, und hat Sandkörner gezählt. Nach seiner Rechnung passen etwa 27 000 Körner in einen Kubikzentimeter (das kommt mir sehr viel vor, aber vielleicht ist der Sand dort sehr fein). Der gesamte Strand enthielte dann auf einer Länge von 42 Kilometern schätzungsweise 6×10^{16} Sandkörner.

Schätzt man die Länge aller Strände auf der Erde auf 200 000 Kilometer (auch so eine sehr grobe Schätzung, die ich irgendwo gefunden habe), so kommt man für die Zahl der Sandkörner auf etwa 3×10^{20}. Und das ist nur ein Siebtel der Zahl der Sterne.

Aber wer weiß, zu welchem Ergebnis man käme, würde man die Wüsten dazunehmen? Und wie nennt man das, was am Grund des Meeres liegt? Vielleicht hat der Herrgott es ja tatsächlich so eingerichtet, dass es exakt so viele Sandkörner auf der Erde gibt wie Sterne am Himmel.

Wenn man Geschirr nicht nachspült, sondern nur abtropfen lässt, ist das gesundheitsschädlich

Stimmt nicht. Ein Streitfall in vielen Familien und Wohngemeinschaften: Muss man das Geschirr nach dem Spülen noch einmal unter klares Wasser halten, weil man sich sonst vergiften kann?

Spülmittel enthalten Tenside. Die setzen die Oberflächenspannung des Wassers herunter, was für die Reinigung wichtig ist, aber auch noch einen schönen Nebeneffekt hat: Wenn man das gespülte Geschirr abtropfen lässt, so bilden sich bei Wasser mit Spülmittel keine dicken Tropfen, sondern ein dünner Film, der im Idealfall praktisch rückstandsfrei abfließt. Während man also Gläser, die mit klarem Wasser nachgespült wurden, abtrocknen muss, um hässliche Wasserflecken zu vermeiden, kann man sich das bei der Spülmittellauge sparen.

Was aber heißt «praktisch rückstandsfrei»? Spuren von den Tensiden bleiben immer zurück. Manchmal kann man das zum Beispiel daran erkennen, dass der Schaum eines frisch eingeschenkten Bieres in sich zusammenfällt. Das ist dann aber schon ein Hinweis auf zu viel Spülmittel. Selbst die Hersteller sagen, dass ein Spritzer auf fünf Liter Wasser genug ist!

1973 sind diese Spuren einmal im Auftrag der Industrie sehr gründlich untersucht worden. Das Ergebnis damals: Wenn man alle Tensidrückstände zu sich nähme, die im Laufe eines Jahres auf den Tellern, Tassen, Gläsern und Bestecken zurückbleiben, dann käme man auf eine Menge von 100 bis 150 Milligramm pro Person. Aber dazu müsste man schon das gesamte Geschirr gründlich ablecken. Bei einer solchen Menge gehen selbst Umweltschützer nicht von schädlichen Wirkungen aus, zumal sich Tenside nicht im Körper anreichern. In Tierversu-

chen, beteuern die Hersteller, hätten auch wesentlich größere Tensidmengen nicht zu Schädigungen geführt.

«Giftig» sind die Spülmittelrückstände also nicht, und bei richtiger Dosierung wird man sie auch nicht schmecken. Wem der Gedanke trotzdem ein Graus ist, der muss halt nachspülen – und abtrocknen.

Das Bibelzitat «Eher geht ein Kamel durch ein Nadelöhr ...» beruht auf einem Übersetzungsfehler

Stimmt nicht. «Eher geht ein Kamel durch ein Nadelöhr, als dass ein Reicher in das Reich Gottes gelangt», heißt es in der Bibel. Die Legende besagt zwar, dass im Original das griechische Wort für «Seil» und nicht das für «Kamel» benutzt wurde. Tatsächlich unterscheidet sich das griechische Wort für Kamel (καμηλος) nur durch einen Vokal von dem Wort καμιλος, das ein Schiffstau bezeichnet. Und «Seil durchs Nadelöhr» klingt doch plausibler als «Kamel durchs Nadelöhr»?

Trotzdem gehen fast alle Bibelforscher davon aus, dass in der Urfassung des Matthäus- und des Lukasevangeliums das Wort Kamel steht. Erstens ist schon im altjüdischen Talmud die Rede von der Unmöglichkeit, einen Elefanten durch ein Nadelöhr zu bugsieren. Und da ist es zum Kamel nicht weit, zumal das Tier in Palästina sicherlich häufig vorkam. Zweitens gibt es eine recht lückenlose Kette von Bibelmanuskripten – und das Seil taucht nur in wenigen Übersetzungen aus späterer Zeit auf, vornehmlich in georgischen und armenischen Texten. Und schließlich werten die Historiker bei einander widersprechenden Quellen eher die ungewöhnlichere Variante als korrekt – es passiert viel leichter, dass ein Mönch beim Abschreiben das Kamel zu einem Seil korrigiert als umgekehrt.

Eine weitere Erklärung für das seltsame Bild ist übrigens, dass es in Jerusalem ein niedriges Stadttor mit dem Namen «Nadelöhr» gegeben haben soll, das Kamele nur auf den Knien hätten passieren können. Aber auch dafür gibt es keine historischen Belege.

Splitter können bis zum Herzen wandern und dort zum Tod führen

Stimmt. Aber Sie müssen keine Angst haben, dass ein kleiner Holzsplitter, den Sie sich in den Finger ziehen, in ein paar Jahren in Ihrem Herzen landet und Sie dann tot umfallen.

Fremde Partikel, die in unseren Körper eindringen, werden im Allgemeinen eingekapselt. Es bildet sich also festes Gewebe um sie herum, diese Verhärtung bleibt dann meist an Ort und Stelle und kann dort Jahrzehnte verbringen.

Manchmal beginnt der Fremdkörper allerdings wirklich zu wandern. «Dabei geht es aber nicht um Meter, sondern allenfalls um Zentimeter», erläutert Professor Jakob-Robert Izbicki, Chirurg an der Hamburger Universitätsklinik. Oberflächliche Verletzungen wie Splitter pflegen auch eher nach außen zu wandern als nach innen. So kann es zum Beispiel passieren, dass Schrotkugeln nach längerer Zeit aus der Wunde herauseitern.

Gefährlich kann es dann werden, wenn ein Fremdkörper, etwa ein Granatsplitter, tief in den Körper eingedrungen ist. Der kann dann in der Körperhöhle umherwandern und tatsächlich irgendwann lebenswichtige Organe oder Blutgefäße bedrohen. Izbicki hat selbst einen Fall erlebt, in dem ein aus einer Kriegsverletzung stammender wandernder Granatsplitter das Herz eines Patienten verletzt hat – mit tödlichem Ausgang.

NEW YORK 4 cm

WANDERNDER SPLITTER

Es gibt keinen Nobelpreis für Mathematik, weil Nobels Frau ein Verhältnis mit einem Mathematiker hatte

Stimmt nicht. Gleich vorweg: Alfred Nobel war nie verheiratet. Also gab es auch keine Ehefrau, die ihn hätte betrügen können. Aber war da vielleicht eine Geliebte, die nebenbei noch etwas mit einem Mathematiker hatte?

Nobel war lange Zeit liiert mit der Wienerin Sophie Hess. Für die Rolle des Mathematikers wird in den Legenden immer wieder der Schwede Gösta Mittag-Leffler ins Spiel gebracht. Allerdings gibt es keinerlei Belege dafür, dass dieser Sophie Hess gekannt hätte. Nobel und Mittag-Leffler kannten sich wohl aus Stockholms Gelehrtenszene, jedoch waren sie weder befreundet noch verfeindet. Und selbst wenn der Preisstifter den Mathematiker nicht gemocht hätte – Mittag-Leffler, obwohl ein solider Gelehrter, wäre wohl kaum der Kandidat für einen Mathematik-Nobelpreis gewesen in einer Zeit, in der große Geister wie Hilbert oder Poincaré noch aktiv waren.

Also alles haltlose Legenden. Aber wieso gibt es dann keinen Nobelpreis für Mathematik? Die Antwort ist wohl banal: Der Praktiker Alfred Nobel hatte für die «Hilfswissenschaft» Mathematik nie viel übrig – sie gehörte für ihn einfach nicht zu den Disziplinen, die die Menschheit voranbringen, und das ist ja das Hauptkriterium für die Vergabe des Nobelpreises.

Die «Schwänzchen», die manche Autos am Unterboden hängen haben, helfen gegen statische Aufladung

Stimmt nicht. Man sieht sie immer seltener, die «Schwänzchen», die zu einer besseren Erdung des Autos beitragen sollen. Die aus leitendem Material bestehenden Bänder führen angeblich elektrostatische Aufladungen des Autos zur Straße ab. So soll zum Beispiel vermieden werden, dass der (dann ebenfalls aufgeladene) Fahrer einen elektrischen Schlag bekommt, wenn er aus dem Auto langt und einen metallischen Gegenstand berührt.

Der Nutzen dieser Bänder wurde von Experten immer bezweifelt, aus zwei Gründen: Erstens sind die meisten Autos überhaupt nicht isoliert gegenüber der Straße. Denn die Reifen enthalten genügend Kohlenstoff und Stahleinlagen, um den Strom zu leiten. Zweitens entstehen die meisten unangenehmen Entladungen nicht, weil das ganze Fahrzeug elektrisch geladen wäre, sondern weil die Insassen auf den Sitzen herumrutschen. Besonders Kleidung aus Synthetik führt zu Ladungstrennungen zwischen Mensch und Fahrzeug. Und weil moderne Autos innen fast vollständig mit nicht leitenden Materialien ausgekleidet sind, kann diese Ladung während der Fahrt nicht abfließen – auch nicht über das Schwänzchen. Wenn man zudem Schuhe mit isolierender Sohle trägt, ist man auch nach dem Aussteigen noch geladen. Erst beim Griff an die Tür kann die Ladung plötzlich fließen – es funkt. Der ADAC und die Dekra empfehlen als Gegenmaßnahme Sitzauflagen aus natürlichen Materialien. Außerdem sollte man schon beim Aussteigen mit festem Griff den metallischen Teil der Tür anfassen und erst wieder loslassen, wenn man mit beiden Beinen fest auf der Erde steht.

Man soll Blumen mit abgestandenem Wasser gießen

Stimmt. Die meisten Zimmerpflanzen vertragen zwar durchaus Wasser, das direkt aus der Leitung kommt. Es gibt aber dennoch zwei Gründe, das frische Leitungswasser eine Weile stehen zu lassen:

Erstens die Temperatur. Auch Pflanzen sind sensible Wesen, und eiskaltes Wasser an ihren Wurzeln kann vor allem tropische Gewächse durchaus schocken. Deshalb ist Wasser, das sich auf Zimmertemperatur erwärmt hat, für die meisten Pflanzen besser.

Der zweite Grund ist die Hoffnung, dass Stoffe aus dem Wasser verschwinden, die nicht gut für die Pflanzen sind. Manchmal ist von Chlor die Rede, aber das Trinkwasser in Deutschland ist kaum noch gechlort. Da ist das Argument mit dem Kalk schon triftiger. In manchen Gegenden ist das Wasser so «hart», also kalkhaltig, dass es die Blumenerde zu alkalisch machen kann. Das sieht man dann auch an den weißen Kalkablagerungen. Einige Pflanzen sind besonders kalkempfindlich – etwa Azaleen und Hortensien. Und tatsächlich lagert sich beim Abstehenlassen ein Teil des Kalks in der Gießkanne ab. Besser ist es aber, von vornherein «weiches» Wasser zu benutzen, etwa aus der Regentonne.

Es gibt Waschmaschinen, die Wäsche mittels Ultraschall sauber waschen, jedoch wird deren Einführung von der Waschmittelmafia verhindert

Stimmt nicht. Die Geschichten über die böse Industrie, die den Verbrauchern innovative Produkte vorenthält, sind ja immer mit Vorsicht zu genießen (s. S. 75). Selbst wenn der Wille da wäre – so dicht hält kaum ein Kartell, als dass nicht doch irgendjemand das Produkt auf den Markt bringt.

Im Fall der Ultraschallwaschmaschine ist die Antwort einfach: Es gibt sie. Seit Herbst 2001 können zumindest japanische Verbraucher eine Sanyo-Waschmaschine kaufen, die man mit und ohne Waschmittel betreiben kann. Dabei wird Ultraschall als Schmutzlöser eingesetzt – ähnlich wie beim Optiker, der mit diesen unhörbaren Vibrationen Brillengestelle und Gläser reinigt. Zusätzlich werden durch Elektrolyse aus dem Leitungswasser und den darin vorhandenen Chlor-Ionen aktiver Sauerstoff und unterchlorige Säure erzeugt, zur Beseitigung von organischen Verschmutzungen und zur Desinfizierung.

Den Ultraschallwaschgang empfiehlt der Hersteller vor allem für Wäsche, die nicht «richtig» verschmutzt ist – Schlafanzüge, Unterwäsche, Sportkleidung. Die Verkaufszahlen sind sehr gut, sagt ein Firmensprecher, die Verbraucher zufrieden. An einen Verkauf außerhalb Japans denkt Sanyo aber noch nicht.

Senf macht dumm

Stimmt nicht. Seine charakteristische Schärfe hat der Senf von den in ihm enthaltenen so genannten *Isothiozyanaten*, auch Senföle genannt. Die sind in höheren Dosen durchaus als Gift zu bezeichnen. In der Konzentration, in der sie in Senf, Meerrettich und Kresse vorliegen, ist ihre Wirkung dagegen eher positiv. Sie können zum Beispiel bei Harnwegsinfektionen antibiotisch wirken. Auch die äußere Anwendung von Senf wird gegen allerlei Zipperlein empfohlen, und die heilsame Wirkung der ätherischen Öle ist teilweise auch durch wissenschaftliche Studien belegt worden.

Daneben gibt es auch die so genannten cyanogenen Senföle, die der Körper zu Blausäure abbaut. Deren Verzehr kann tatsächlich zu Gehirnschädigungen führen. Aber anders, als der Name vermuten lässt, sind diese Senföle im Senf gar nicht enthalten, sie kommen in Naturprodukten wie Bittermandeln und Bambussprossen vor.

Ob der Volksmund jedoch so viel von Chemie versteht, dass ihm diese Verwechslung unterlaufen konnte? «Unsere Großmütter und -väter kannten diesen sachlichen Hintergrund nicht», sagt Roswitha Behland vom Senfhersteller Kühne. Sie glaubt, dass der Spruch nur dazu diente, Kinder vom Griff in den Topf mit (süßem) Senf abzuschrecken.

Es gibt so genannte «Snuff Movies», in denen echte Morde gezeigt werden

Stimmt nicht. Wobei diese Antwort immer eine vorläufige sein muss: bis zum Beweis des Gegenteils. Videos, in denen Menschen gefoltert und getötet werden und die kommerziell vertrieben werden, sind bisher ein Produkt der Phantasie, das auch viele Schriftsteller beflügelt hat: etwa Michel Houellebecq in seinem Roman «Elementarteilchen» oder Donna Leon in dem Krimi «Vendetta», in dem ein Ring perverser Geschäftemacher systematisch junge Frauen entführt, vergewaltigt und tötet und die Videoaufnahmen dieser Taten zu Geld macht. Auch der Kinofilm «8 mm» handelt von solchen Untergrundgeschäften.

Tatsache ist, dass noch nie die Existenz eines einzigen Snuff-Videos nachgewiesen werden konnte. Es gibt Grenzfälle wie etwa makabre Sammlungen von zufällig dokumentierten Todesfällen oder Filmaufnahmen von Hinrichtungen. Besonders perverse Gewalttäter haben auch schon Videoaufnahmen ihrer Opfer vor oder nach der Tat gemacht. Aber das systematische Filmen von Morden und vor allem der dazugehörige Schwarzmarkt sind nach Ansicht aller Experten Hirngespinste.

Seinen Namen hat das nicht existente Genre von dem Film «Snuff», einem billigen argentinischen Horrorstreifen, der 1976 in den USA auf den Markt kam, angereichert mit einer zusätzlich gedrehten Szene, in der scheinbar die Macher des Films eine der Darstellerinnen brutal umbringen. Ein bewusst gestreutes Gerücht, um den Film besser vermarkten zu können – sogar die Frauenrechtlerinnen, die vor den Kinos protestierten, waren vom Produzenten eigens informiert worden. 1991 geriet dem Schauspieler Charlie Sheen ein angeblicher japanischer Snuff-Film in die Hände, den er prompt dem FBI übergab. Aber auch dieser Film mit dem Titel *Flower of Flesh and Blood*

konnte zweifelsfrei als Fiktion entlarvt werden, ebenso wie alle späteren angeblich authentischen Machwerke aus diesem geschmacklosen Genre.

Ein fast schon beruhigender Gedanke: Nicht jede Monstrosität, die man sich vorstellen kann, wird auch in die Tat umgesetzt.

Das Gehirn verbraucht 50 Prozent unserer Energie

Stimmt nicht, jedenfalls für erwachsene Menschen. Deren Gehirn ist zwar auch ein Energiefresser, aber es braucht «nur» 20 Prozent der Energie, die sie sich über Nahrung und Atmung zuführen.

Das ist jedoch immer noch eine ganze Menge, wenn man berücksichtigt, dass der Denkklumpen in unserem Kopf nur etwa zwei Prozent der Körpermasse ausmacht. Babys dagegen benötigen tatsächlich die Hälfte ihrer Energiezufuhr für die Entwicklung des Gehirns. In dieser frühen Lebensphase wächst der Kopf rapide, und im Hirn werden viele Synapsen gebildet, also die Verbindungen zwischen den Gehirnzellen. Nach dem fünften Lebensjahr lernen wir nur noch, indem wir einen Teil der Synapsen wieder entfernen, das Gehirn arbeitet dann insgesamt «ökonomischer».

Was den Energielieferanten Glukose (vulgo Traubenzucker) angeht, so braucht auch das erwachsene Gehirn nicht nur die Hälfte, sondern sogar 60 Prozent des Gesamtzuckerhaushalts. Und weil es insgesamt nur 33 Gramm des süßen Treibstoffs zwischenspeichern kann, ist eine stetige Glukosezufuhr über das Blut äußerst wichtig. Eine Banane oder ein Brötchen vor der Mathearbeit können also durchaus eine positive Wirkung haben – übrigens eine bessere als reiner Traubenzucker, der zwar sehr schnell ins Blut geht, dessen Wirkung aber nach wenigen Minuten verpufft.

Wenn man die Brille zu oft trägt, werden die Augen schlechter

Stimmt nicht. Der Gedanke hinter dieser Vermutung ist, dass durch eine Brille die Augenmuskulatur zu «faul» werde und man sie deshalb nicht genügend trainiere. Das ist aber eine irrige Vorstellung, betonen die Verbände der deutschen Augenärzte und Augenoptiker. Ein Mensch hat eine Fehlsichtigkeit, wenn die Geometrie seines Augapfels so verzerrt ist, dass der Fokus des Bildes, das durch die Linse gebündelt wird, vor oder hinter der Netzhaut liegt – und nicht genau darauf, wie es eigentlich sein sollte. Das wird durch die «vorgeschaltete» Linse der Brille korrigiert. Dadurch hat der Brillenträger etwa die gleichen Voraussetzungen wie ein Normalsichtiger. Und dessen Augen werden ja auch nicht schlechter, weil er zu faul wäre. Die Muskeln haben immer noch genug damit zu tun, die Linse auf nahe oder weiter entfernte Objekte «scharf zu stellen». Wenn die Augen im Laufe der Jahre altersbedingt schlechter werden, dann liegt das nicht an schlaffen Muskeln, sondern an der nachlassenden Flexibilität der Linse.

Die Mär, dass man Fehlsichtigkeit durch «Augengymnastik» korrigieren könne, ist vor allem auf ein Buch von William Bates zurückzuführen, das 1920 erschien. Dessen Sehübungen haben aber ihre Wirksamkeit nie in wissenschaftlichen Studien unter Beweis stellen können, auch wenn viele Menschen auf das Augentraining schwören. Die Augen können allerdings leiden, wenn ihnen die falsche Brille verpasst wird. Die deutschen Augenärzte warnen insbesondere vor so genannten Prismenbrillen, die bei Kindern zu irreparablen Schäden führen können.

Wie die Nase des Mannes,
so auch sein Johannes

Stimmt nicht. Es ist ja interessant, mit was für Fragen die ZEIT-Leser an mich herantreten – aber es gibt eigentlich keinen Grund, sich nicht damit zu beschäftigen. Also: Das männliche Geschlechtsorgan ist schon auf vielfältige Weise vermessen worden, etwa um herauszubekommen, ob sich seine Länge im Alter verändert. Über Korrelationen mit den Maßen anderer Körperteile gibt es dagegen wenig Material. Mir liegt ein Bericht vor, nach dem ein koreanisches Forscherteam an 655 erwachsene Männer die Messlatte anlegte und die Werte mit den Dimensionen anderer Körperteile verglich. Das Ergebnis: Es gab ein paar schwache Korrelationen mit der Körpergröße, dem Gewicht und der Länge gewisser Zehen, aber das war es auch schon.

Die Zahl dieser Probanden verblasst gegen die Stichprobe, die eine Internet-Seite mit dem Titel *The Definitive Penis Size Survey* inzwischen gesammelt hat: Über 11 000 Surfer haben für diese Umfrage bereits ihr bestes Stück selbst vermessen und zusätzlich auch Werte wie Nasenlänge und Schuhgröße angegeben. Richard Edwards, der diese Seite betreibt, schreibt mir: «Ich habe inzwischen genügend Daten gesammelt, um zu sagen, dass es keine Korrelation zwischen Nasenlänge oder -breite und der Penisgröße gibt. Variablen, die ganz schön damit korrelieren, sind Rasse, Körpergröße und die Körperfettmasse.»

Fazit also: Die Größe des Riechkolbens lässt keine Schlüsse auf die verborgenen Quantitäten eines Mannes zu. Natürlich ist diese Untersuchung wissenschaftlich weniger stringent, weil die Testpersonen eigenhändig Maß nehmen und man ihren Angaben vertrauen muss. Deshalb ist auch Edwards dazu übergegangen, selber im Dienst der Wissenschaft zu messen.

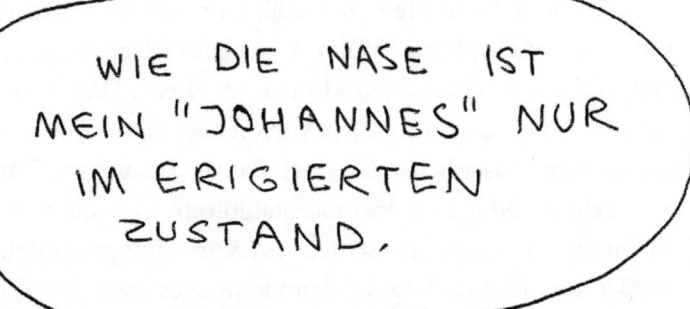

Man soll den Inhalt angebrochener Konservendosen in andere Gefäße umfüllen

Stimmt nicht. Viele Menschen füllen immer noch den Inhalt um, wenn sie eine Konservendose nur halb geleert haben, oft ist von ominösen schädlichen «Ionen» die Rede. Dieser Tipp ist eine Überlieferung aus grauer Vorzeit, sagt Klaus-Dieter Feldmann vom Dosenhersteller Züchner Verpackungen. Damals, vor mehr als 30 Jahren, war das Stahlblech der Konservendose innen nur mit einer Zinnschicht vor Korrosion geschützt. War der Doseninhalt stark sauer, dann konnte es nach dem Öffnen zu chemischen Reaktionen kommen – das ist wahrscheinlich der Hintergrund der Rede von den «Ionen».

Bei importierten Billigkonserven kann das auch heute noch der Fall sein. Die deutsche Konservendose dagegen ist schon lange mit Kunststoff ausgekleidet. Diese Schicht ist robust und so elastisch, dass zum Beispiel Verbeulungen ihr nichts anhaben können. Der Büchseninhalt lässt sich also normalerweise in der Dose genauso gut ein paar Tage aufheben wie in einem anderen Gefäß.

Vorstellbar ist allenfalls, dass man die Schutzschicht mit einem scharfen Messer oder einer Gabel verletzt hat. Dann hat man ein kleines Loch, durch das der Inhalt direkt mit dem Weißblech in Kontakt kommt. Das Schlimmste, was dabei entstehen kann, ist gewöhnlicher Rost – der mag unappetitlich sein, aber schädlich ist er nicht.

Die Fähigkeit, die Zunge zu einem Röllchen zu formen, ist genetisch bedingt

Stimmt nicht. Die Fähigkeit, die Zunge an den Rändern aufzurollen (eine Art U zu formen), ist ein schönes Beispiel, mit dem man im Biologieunterricht die Vererbung von Eigenschaften nach den Mendel'schen Gesetzen untersuchen kann: Sie ist leicht zu überprüfen, außerdem macht es den Schülern viel Spaß, ihre Verwandtschaft daraufhin zu testen und sie in «Roller» und «Nichtroller» zu unterteilen.

Nur: Das Beispiel ist zu schön, um wahr zu sein. Alfred Sturtevant, der im Jahr 1940 zu den Ersten gehörte, die ein dominantes Gen für diese Eigenschaft verantwortlich machten, schrieb schon 1965 in seinem Buch «A History of Genetics» über «eine unglückliche Tendenz» in der Wissenschaft, manche Merkmale als Beispiel für die Mendel'sche Vererbung zu akzeptieren, obwohl die Beweislage sehr dürftig ist. Im Fall des Zungenrollens kam der Todesstoß bereits 1952, als ein gewisser Philip Matlock eineiige Zwillinge untersuchte. Deren Fähigkeit müsste ja aufgrund ihrer identischen Erbanlagen immer gleich sein – bei 21 Prozent der von Matlock untersuchten Paare war aber jeweils ein Zwilling ein «Roller» und einer ein «Nichtroller». Zwingender Schluss: Es gibt zumindest noch weitere Faktoren, die die Zungenrollfähigkeit beeinflussen. Und offenbar können manche «geborenen» Nichtroller das Rollen sogar lernen.

«Es ist mir immer noch peinlich», schrieb Sturtevant, «wenn ich das Beispiel in aktuellen Arbeiten zitiert sehe.» Und daran hat sich auch in den vergangenen 40 Jahren nicht viel geändert.

Eskimos küssen sich, indem sie die Nasen aneinander reiben

Stimmt. Auch wenn fast jedes Kind die Geschichte von den Nasenküssen der Eskimos kennt, ist in der ethnologischen Fachliteratur erstaunlich wenig darüber zu finden, sagt der Inuit-Experte Jean-Loup Rousselot. Aber er bestätigt, dass er die Nasenreib-Rituale schon auf seinen Reisen in die Arktis beobachtet hat.

Eine besondere rituelle Funktion scheint der Nasenkuss bei den Eskimos jedoch nicht zu haben, anders als etwa bei den neuseeländischen Maori. Es ist eher eine flüchtige Geste, am ehesten vergleichbar mit unseren tatsächlichen oder angedeuteten Wangenküssen. Ein möglicher Ursprung: Wenn in der Kälte der Arktis fast das gesamte Gesicht vermummt ist, dann bleibt für den Körperkontakt eben fast nur noch die vorstehende Nase.

Das Nasenreiben «ersetzt» also nur den Begrüßungskuss und hat keine besondere erotische Komponente. Welche Liebesbeweise Eskimomann und -frau in der Abgeschiedenheit ihres Iglus austauschen, darüber sagen uns die Völkerkundler nichts.

Ein modernes Handy hat mehr «Rechenpower» als der Computer, mit dem Apollo auf dem Mond gelandet ist

Stimmt. «Auch wenn diese Dinge schwer zu vergleichen sind, so kann man doch mit Sicherheit sagen, dass ein typisches Mobiltelefon mehr Rechenleistung hat als der Apollo Guidance Computer», sagt der Amerikaner Dag Spicer. Er ist Experte für jene Computer, die in den sechziger Jahren für das Apollo-Mondlandungsprogramm entwickelt wurden.

Schwer zu vergleichen, weil die beiden Gerätetypen doch sehr unterschiedliche Zwecke verfolgen. Während der Apollo-Bordcomputer ballistische Bahnen zu berechnen hatte, muss ein Handy vor allem digitale Signale in hörbare Sprache umwandeln und umgekehrt. Aber man kann ein paar rohe Daten vergleichen: Der Apollo-Computer verfügte über einen Arbeitsspeicher von etwa vier Kilobyte und schaffte etwa 40 000 Additionen pro Sekunde. Seine Taktrate lag bei 100 Kilohertz. Ein heutiger Chip ist zehntausendmal schneller.

Nun ist ein Handy kein PC, aber auch in den kleinen Telefonen stecken sehr leistungsfähige Chips. Die werden gebraucht, weil die Verarbeitung von Sprachsignalen in Echtzeit sehr rechenaufwendig ist. Ein typischer Prozessor in einem modernen Mobiltelefon schafft eine Taktrate von etwa 100 Megahertz. Also ein richtig kräftiger Rechenknecht, der allerdings speziell für seine Aufgabe konstruiert worden ist.

Aber bei der Landung auf dem Mond waren ja auch alle Flugbahnen vorausberechnet, die Astronauten gaben ein paar Korrekturen mit Hilfe einer einfachen Programmiersprache ein. Gar nicht zu vergleichen mit der Rechenaufgabe, die etwa das Handy von James Bond zu bewältigen hat. In dem Film

«Der Morgen stirbt nie» steuert der Agent vom Rücksitz aus
sein Auto per Handy durch eine Hamburger Tiefgarage. Doch
das ist nun wirklich Science-Fiction.

Wenn bei einem Freudenfest in die Luft geschossen wird, können die herabfallenden Kugeln Menschen töten

Stimmt. Im ersten «Stimmt's»-Band habe ich mich an dieser Stelle mit der Frage beschäftigt, ob eine von einem Hochhaus geworfene Münze lebensgefährlich werden könnte. Die Antwort damals: Eher nicht, die Fallgeschwindigkeit des trudelnden Geldstücks ist mit etwa 40 km/h zu gering. Gewehr- und Pistolenmunition ist aber aerodynamisch «günstiger» geformt. Und das macht einen tragischen Unterschied aus: So kam am 4. Juli 1999 ein 9-jähriger Junge in Los Angeles im «Kugelhagel» der Feiern zum amerikanischen Unabhängigkeitstag zu Tode, und er war beileibe kein Einzelfall. 38 Menschen starben allein im Großraum Los Angeles zwischen 1985 und 1992 durch herabfallende Gewehrkugeln, meist bei ausgelassenen Feiern zum Independence Day oder an Silvester.

Die Physik dahinter: Die Kugel verlässt die Mündung mit einer Geschwindigkeit von etwa 3000 km/h und kann bis zu drei Kilometer hoch in die Luft steigen. Die Austrittsgeschwindigkeit ist aber für die Wirkung letztlich nicht relevant. Denn am Scheitelpunkt der Flugkurve kommt das Projektil ja zum Stillstand, und beim Herunterfallen beschleunigt es so, als hätte man es aus dieser Höhe fallen lassen. Der Luftwiderstand sorgt dafür, dass die Kugel nach einiger Zeit eine konstante Endgeschwindigkeit erreicht. Nach Berechnung der amerikanischen Schusswaffenlobby NRA (und die kennt sich wohl aus) beträgt diese Geschwindigkeit zwischen 300 und 500 km/h. Schon ab 200 km/h aber kann ein Geschoss die menschliche Schädeldecke durchschlagen.

Da kann man nur froh sein, dass bei uns die Verbreitung von Handfeuerwaffen etwas rigider gehandhabt wird.

Es gibt Pärchen, die beim Geschlechtsverkehr überrascht oder erschreckt wurden und nur noch mit ärztlicher Hilfe getrennt werden können

Stimmt nicht. Erzählungen von solchen Missgeschicken gibt es zuhauf in der medizinischen, aber auch in der populären Literatur. So sang in den Siebzigern Hannes Wader in seiner «Ballade vom Tankerkönig» über das Paar, das im Auto aufgeschreckt wurde: «Meine Bekannte hatte 'nen Krampf, und jetzt hängen wir fest!» Während im Lied noch eine Stecknadel als «Gegenschock» Abhilfe schafft, ist der «Penis captivus» in den medizinischen Berichten meist nur dadurch zu befreien, dass der Krampf der Frau durch eine Narkose gelöst wird.

Starke Scheidenkrämpfe, auch Vaginismus genannt, sind ein verbreitetes Phänomen. Aber sie treten meist vor einem beabsichtigten Geschlechtsverkehr auf, sodass es gar nicht erst zum Vollzug kommt. Dass die Krämpfe während des Akts eintreten und dann noch so stark, dass der Mann wie ein kopulierender Hund festgeklemmt wird – dafür ist die empirische Basis bestenfalls dünn. Die meisten Fachpublikationen beziehen sich auf einen Artikel, der 1884 in den *Philadelphia Medical News* erschien. Dort berichtete ein gewisser Egerton Y. Davis, angeblich Arzt in Montreal, von einem dramatischen Fall, der sich in England abgespielt habe. Es stellte sich jedoch bald heraus, dass Davis ein Pseudonym des bekannten Mediziners Sir William Osler war, eines Mitherausgebers der *Medical News*. Der wollte seinem Kollegen Theophilus Parvin, der kurz zuvor in dem Blatt einen Artikel über Vaginismus veröffentlich hatte, einen Streich spielen – was ihm auch bestens gelang, mit weit reichenden Folgen.

Die angeblichen Fälle von Penis captivus sind fast immer mit außerehelichem Sex verbunden. Und seit der nicht mehr so skandalös ist, gibt es auch weniger entsprechende Berichte. In den letzten 50 Jahren wird kaum noch davon erzählt, medizinisch dokumentierte Fälle gibt es überhaupt nicht. Deshalb kann man getrost davon ausgehen, dass die Geschichte vom untrennbar vereinigten Pärchen ins Reich der Phantasie gehört.

Der Marlboro-Mann starb an Lungenkrebs

Stimmt teilweise. Den «Marlboro-Mann» gibt es seit 1955 – der Tabakkonzern Philip Morris wollte mit der Kampagne gegen das «weibische» Image antreten, das die Filterzigaretten damals noch hatten. Erst seit den Sechzigern ist der kernige Mann ein Cowboy, und auch diese Figur wurde von sehr vielen Schauspielern dargestellt. Und von denen sind tatsächlich zwei an Lungenkrebs gestorben.

Der erste war der ehemalige Rodeoreiter Warren McLaren, der 1992 im Alter von 51 Jahren starb. McLaren war nur kurz in einer Marlboro-Kampagne im Jahr 1976 aufgetreten und setzte sich in den zwei Jahren, die er nach der Diagnose noch lebte, für Nichtraucherorganisationen ein.

Der bekanntere Fall ist aber der von David McLean, ein Marlboro-Mann aus den frühen sechziger Jahren. Er wurde 73 Jahre alt und starb 1995. Seine Witwe strengte einen Aufsehen erregenden Prozess gegen Philip Morris an, in dem sie unter anderem behauptete, McLean habe während einer Fotosession für die Anzeigenmotive bis zu fünf Packungen Zigaretten rauchen müssen. Der Rechtsstreit ist noch nicht entschieden.

Beide Darsteller waren übrigens seit ihrer Jugend starke Raucher – sie mussten nicht für die Aufnahmen zum Qualmen gezwungen werden.

Asiaten vertragen keine Kuhmilch

Stimmt. Und nicht nur die Asiaten: 75 Prozent der erwachsenen Menschen auf der Erde können Milchzucker (Laktose) nicht richtig verarbeiten, weil sie nach der Kindheit das entsprechende Enzym (Laktase) verloren haben. Dieses spaltet im Dünndarm den Doppelzucker aus der Milch in einfache Zucker. Wenn es fehlt, gelangt unverdaute Laktose in den Enddarm und ist dort ein gefundenes Fressen für Bakterien – Blähungen, Bauchschmerzen und Durchfall sind die Folge. Entwicklungsgeschichtlich gesehen, ist das nicht weiter schlimm – die Frühmenschen verzehrten nach der Kindheit keine Milchprodukte mehr, das Enzym war also überflüssig.

Erst mit der Einführung der Landwirtschaft vor etwa 12 000 Jahren begannen auch Erwachsene, regelmäßig Milch zu trinken. Dass sich die genetisch bedingte Laktase-Persistenz, also die Fähigkeit, auch im Erwachsenenalter Milch zu verdauen, vor allem in Nordeuropa durchsetzte, liegt wohl daran, dass wir besonders auf Milch als Lieferant für Kalzium und Vitamin D angewiesen sind. Während in unseren Breiten nur etwa 10 Prozent der Menschen Laktose nicht vertragen, sind es im Süden Europas 60 Prozent, in Schwarzafrika 95 Prozent und in Ländern wie Thailand fast 100 Prozent.

Die genetische Ursache der Laktose-Unverträglichkeit ist soeben weitgehend geklärt worden: Anfang 2002 berichten Wissenschaftler in der Fachzeitschrift *Nature Genetics* von zwei dafür verantwortlichen genetischen Varianten, die sie in einer Reihenuntersuchung von finnischen Familien ausgemacht haben.

Man kann einen Menschen ohne Spuren umbringen, indem man ihm unbemerkt fein gemahlenes Glas ins Essen mischt

Stimmt nicht. «Wenn ich jemanden umbringen wollte», sagt der Rechtsmediziner Alfred Du Chesne von der Universität Münster, «dann würde ich mir etwas anderes überlegen.»

Vorab: Natürlich sind größere Glassplitter gefährlich, wenn man sie verschluckt. Sie können die Speiseröhre oder die Verdauungsorgane verletzen und zu inneren Blutungen führen, die unter Umständen tödlich enden. Die Rede ist hier aber von «fein gemahlenem Glas». Irgendwie hat sich die Legende verbreitet, dass dieses Glasmehl, über längere Zeit eingenommen, wie ein Gift wirkt und Menschen töten kann. Meist wird dann noch hinzugefügt, dass ein solcher heimtückischer Anschlag im Nachhinein nicht nachweisbar sei.

Glas hat aber keine solchen geheimnisvollen Wirkungen. In wirklich fein gemahlenem Zustand ist es völlig ungefährlich. Der amerikanische Arzt August A. Thomen berichtete schon im Jahr 1941, dass im Auftrag des US-Landwirtschaftsministeriums Fütterungsversuche mit Ratten durchgeführt worden seien. Das Ergebnis der damaligen Studien: Die Nager hätten sogar eine Diät mit grob gemahlenem Glas überlebt.

Generell kann man sagen: Was das Opfer beim Essen nicht bemerkt, das richtet auch keine inneren Schäden an. Und wenn einmal jemand tatsächlich scharfkantige Glassplitter verschluckt, dann sind sie nach Du Chesnes Worten auch im Inhalt von Magen oder Darm nachweisbar – also kein Rezept für einen «perfekten Mord».

Indianer müssen sich nicht rasieren, weil sie sich die Barthaare ausgerissen haben

Stimmt nicht. «Sollte dieser Apanatschka, aller Indianerart entgegen, einen so dichten Bart besitzen, dass er sich rasieren musste? Wo nahm er die Seife her? Bekanntlich rasieren sich die Indianer nicht, sondern sie reißen sich die wenigen Barthaare, die sie haben, so lange aus, bis sie nicht wiederwachsen», schreibt Karl May in «Old Surehand». Der sächsische Abenteuerdichter hat wohl für die Verbreitung der Legende vom indianischen Bartausreißen bei uns gesorgt. Tatsächlich hat schon Charles Darwin berichtet, dass die meisten Indianer praktisch bartlos sind, und auch bei ihm findet sich die Sache mit dem endgültigen Ausreißen der Barthaare in der Pubertät.

Aus schmerzhafter Erfahrung weiß aber jede Frau, die sich einmal die Beine mit Wachs enthaart hat (und jeder Mann, der sich die Nasenhaare ausrupft): Die störenden Borsten kommen wieder. Zwar dauert das länger als bei einer Rasur. Das Ausreißen zerstört aber nicht den Haarfollikel, sodass der bald ein neues Haar hervorbringt. Um eine Haarwurzel dauerhaft zu veröden, sind andere technische Hilfsmittel nötig, etwa Laserstrahlen. Und über die haben die Indianer zu Mays Zeiten sicher nicht verfügt. Der geringere Haarwuchs hat wohl eher genetische Ursachen.

Der Satz «Stell dir vor, es ist Krieg, und keiner geht hin ...» ist von Brecht und war gar nicht pazifistisch gemeint

Stimmt nicht. Anfang der achtziger Jahre, als die Friedensbewegung gegen den Nato-Doppelbeschluss auf die Straße ging, wurde dieser Slogan sehr populär, und irgendjemand hat ihn wohl auch Bertolt Brecht zugeschrieben. Der kämpferische Revolutionär als radikaler Pazifist? Da konnte doch etwas nicht stimmen. Gegner der Friedensbewegung wiesen damals gern darauf hin, dass das Zitat unvollständig sei. Im Original heiße es weiter: «... dann kommt der Krieg zu euch / Wer zu Hause bleibt, wenn der Kampf beginnt / Und läßt andere kämpfen für seine Sache / Der muß sich vorsehen; denn / Wer den Kampf nicht geteilt hat / Der wird teilen die Niederlage. / Nicht einmal den Kampf vermeidet / Wer den Kampf vermeiden will; denn / Es wird kämpfen für die Sache des Feinds / Wer für seine eigene Sache nicht gekämpft hat.» Der Moderator eines politischen Fernsehmagazins hielt sogar einen Band mit Brecht-Gedichten in die Kamera, als er das zitierte.

Er hätte besser einmal in das Buch hineingeschaut; denn die ganze Geschichte stimmt hinten und vorne nicht. Tatsächlich ist das berühmte Zitat wohl amerikanischen Ursprungs: «Sometime they'll give a war and nobody will come.» Diesen von den Friedensfreunden aufgegriffenen Satz schrieb der Dichter Carl Sandburg 1936 in seinem Gedichtband «The People, Yes». Um die Aussage in ihr Gegenteil zu verkehren, dichtete ein anonymer Autor die Zeile «... dann kommt der Krieg zu euch» dazu und montierte das Ganze vor eine Passage aus Brechts «Koloman Wallisch Kantate». In der geht es aber überhaupt nicht um einen Krieg – sie ist dem österreichischen Revolutionär Koloman Wallisch gewidmet, der 1934 bei den

Arbeiteraufständen ums Leben kam. Erst ab der Zeile «Wer zu Hause bleibt …» handelt es sich also um ein Brecht-Zitat.

Die Vorstellung, man könnte dem Krieg entgehen, indem man zu Hause bleibt, hätte tatsächlich nicht der Gedankenwelt Brechts entsprochen, betont der Herausgeber des gerade erschienenen Brecht-Handbuchs, Jan Knopf. Vielmehr habe der Dichter stets darauf hingewiesen, dass der moderne Krieg mit seinen Massenvernichtungswaffen es immer schaffen werde, zum Volk zu kommen.

Euro-Ländermünzen werden von den Banken nach Ländern sortiert und ins Ursprungsland zurücktransportiert

Stimmt nicht. Das sieht man schon an den vielen fremdländischen Euro- und Cent-Münzen, die langsam die deutschen Portemonnaies füllen: griechische Münzen mit fremdartiger Schrift, die Könige auf den Rückseiten der belgischen und spanischen Münzen, die irische Harfe. Ganz besonderes Glück hat jemand, der einen Euro aus San Marino oder einen Cent aus dem Vatikan sein Eigen nennen kann. Die will man doch gar nicht wieder loswerden!

Man stelle sich diese sinnlose Arbeitsbeschaffungsmaßnahme einmal vor: Hunderte von Hilfskräften, die in den Banken die Münzen säuberlich auseinander sortieren und für jedes Land ein separates Päckchen schnüren. Die Sprecherin der Bundesbank sagt jedenfalls definitiv: Das Geld wird nicht wieder getrennt. Das wäre viel zu aufwendig und würde keinen wirtschaftlichen Sinn ergeben.

Tatsächlich werden aber in Zukunft Geldtransporter von Euroland zu Euroland fahren. Das liegt daran, dass der Geldfluss nicht ausgeglichen ist. Vor allem die Touristen sorgen dafür, dass in den südlichen Urlaubsländern allmählich ein Bargeldüberschuss entsteht. Und so wird es manchmal nötig sein, Euro-Geld wieder von Süden nach Norden zu bringen. Aber wie gesagt, sortiert wird es dabei nicht.

Der Mathematiker Dietrich Stoyan von der Bergakademie Freiberg prophezeit übrigens, dass sich der Euro-Bestand in den Mitgliedsländern auf lange Sicht ausgleichen wird. Das heißt, dass die Menschen in allen beteiligten Ländern dieselbe Münzverteilung im Portemonnaie haben werden, entsprechend der jeweils ausgegebenen Geldmenge (die deutschen Münzen machen zum Beispiel 34 Prozent aus). Nur durch Neuemissionen wird sich dieses Gleichgewicht immer wieder ein bisschen verschieben. Diese These überprüft er nun mit einem praktischen Experiment, bei dem die Teilnehmer in regelmäßigem Abstand ihren Münzbestand zählen. Wer sich dafür interessiert: Die Internet-Adresse lautet www.euro.tu-freiberg.de.

Der Blitz geht von
unten nach oben

Stimmt. So ein Blitz ist eine ganz schön komplizierte Sache und auch längst noch nicht vollständig verstanden. Es beginnt damit, dass in einer Gewitterwolke geladene Teilchen voneinander getrennt werden – die positiven wandern nach oben, weil sie leichter sind, die negativen sammeln sich im unteren Teil der Wolke an. So entsteht eine Spannung innerhalb der Wolke, zwischen einzelnen Wolken, aber auch zwischen Wolke und dem nicht geladenen Boden. Irgendwann wird die Spannung so groß, dass auch die eigentlich sehr gut isolierende Luft die Entladung nicht mehr verhindern kann.

Dabei entsteht zuerst ein so genannter Vorblitz, der sich von der Wolke auf einem Zickzackkurs einen Weg zum Boden sucht. Der schafft den Blitzkanal, in dem dann später die eigentliche Entladung stattfindet. Kommt die Spitze des Vorblitzes in die Nähe eines Baumes, einer Antenne oder eines Kirchturms, so wächst ihm von dort ein kleines Blitzchen entgegen. Sobald die beiden Äste sich getroffen haben, ist die «Leitung» zwischen Boden und Wolke geschlossen, und der eigentliche Blitz kann sich entladen – mit einer Geschwindigkeit von bis zu 100 000 Kilometern pro Sekunde, also einem Drittel der Lichtgeschwindigkeit.

Im Blitzkanal herrscht dabei eine Temperatur von 30 000 Grad. Weil sich die plötzlich erhitzte Luft schlagartig ausdehnt, entsteht eine Druckwelle, die wir als Donner hören können.

Die Entladung pflanzt sich tatsächlich von unten nach oben fort. Die Ladungsträger fließen aber selbstverständlich immer vom negativen Pol zum positiven, also von der Wolkenunterseite zur Erde.

Mit einem Hauptblitz ist es meistens nicht getan. Nach dem

ersten Hauptblitz folgt ein kleinerer von oben nach unten und dann wieder ein großer von unten nach oben. Die mehrfachen Entladungen nehmen wir manchmal als Flackern wahr, das gesamte Spektakel dauert wenige Zehntelsekunden. Fazit: Wenn man mit «Blitz» die sichtbare Hauptentladung meint, dann geht der Blitz tatsächlich von unten nach oben.

Ein rohes Ei kann man nicht in der Hand zerdrücken

Stimmt nicht. Machen Sie doch einfach den Test: Nehmen Sie ein Ei in die Faust, und drücken Sie fest zu. Am besten tun Sie das aber über einer Schüssel oder einem Waschbecken – das Ei zerplatzt nämlich im Nu. Die legendäre Stabilität der Eier bezieht sich ausschließlich auf Druck, der in Längsrichtung ausgeübt wird!

Zu dieser Längsstabilität habe ich zusammen mit meinem 10-jährigen Sohn ein Experiment gemacht: Versuch mit zwei rohen Eiern (von frei laufenden Hühnern). Das Ei wird zwischen Daumen und Zeigefinger oder zwischen Mittelfinger und Handballen so eingelegt, dass es nur in Längsrichtung gedrückt werden kann. Ergebnis: Das Kind (10 Jahre) schafft es nicht, das Ei zum Platzen zu bringen. Erwachsener (43) schafft es, muss sich aber anstrengen. Die Eier wurden übrigens anschließend zu Rührei verarbeitet.

Natürlich gibt es auch wissenschaftliche Erkenntnisse dazu. Über die Stabilität von Eiern erzählt Johannes Petersen, Eierexperte von der Universität Bonn, dass ein Hühnerei, senkrecht zwischen zwei Platten gespannt, im Durchschnitt eine Kraft von 3,7 Kilopond aushält. Weil das Ei ein Naturprodukt ist, variiert dieser Wert natürlich. Perlhuhneier halten sogar einen Druck bis zu 8 Kilo aus.

Und wie viel kann ein Mensch drücken? Bei der Ermittlung dieses Werts half mir Lars Janshen vom Sportwissenschaftlichen Institut der Humboldt-Universität in Berlin. Er ließ einige seiner Studenten, die keine Hochleistungssportler waren, ein Dynamometer zwischen Daumen und Zeigefinger drücken. Ergebnis: Die männlichen Studenten schafften im Mittel 8,3, die weiblichen 6,3 Kilo.

147

Also ist das Experiment aus meiner Küche mit harten wissenschaftlichen Zahlen untermauert: Ein rohes Ei lässt sich zerdrücken, aber man muss sich schon anstrengen. Drückt man mit der ganzen Hand, so hat man übrigens ungefähr die zehnfache Kraft.

Napoleon hat den Rechtsverkehr nur eingeführt, um auf einer anderen Straßenseite zu fahren als die Engländer

Stimmt nicht. Sowohl der Rechts- als auch der Linksverkehr haben uralte Wurzeln, erklärt Hans Straßl, Oberkurator beim Deutschen Museum in München. Und interessanterweise gehen beide darauf zurück, dass die meisten Menschen Rechtshänder sind.

Ob Links- oder Rechtsverkehr – früher wurde nicht vorgeschrieben, wo man zu fahren hatte, sondern es gab Ausweichregeln: Wie vermeiden zwei einander entgegenkommende Fahrzeuge oder Schiffe den Zusammenstoß? Der Rechtsverkehr hat seine Wurzeln in der Schifffahrt. «Wenn sich ein Mensch auf einen Baumstamm setzt, dann paddelt er meist auf der rechten Seite», sagt Straßl. Daher auch das Wort «Steuerbord». Begegnen sich zwei Paddler, dann ist es sinnvoll, nach rechts auszuweichen, damit sich die Paddel nicht in die Quere kommen. Man kann sich auch gut am rechten Ufer abstoßen. Auf praktisch allen Wasserstraßen der Welt herrscht seit Jahrhunderten Rechtsverkehr.

Den Linksverkehr prägten die Pferdefuhrwerke: Rechtshänder führten stets das Pferd mit der rechten Hand. Außerdem ging man dabei am liebsten am Straßenrand – nicht nur wegen des Gegenverkehrs, sondern auch, weil die «Straßen» früher recht schmutzige und teilweise schlammige Wege waren.

Der Rechtsverkehr setzte sich in Ländern mit starker Binnenschifffahrt wie Deutschland und Frankreich durch. In England und einigen anderen Ländern siegte der Linksverkehr. Im 18. und 19. Jahrhundert wurden dann die Fahrregeln gesetzlich fixiert. Napoleon schrieb nur fest, was in Frankreich seit der Römerzeit Brauch war. Er führte die Regel übrigens auch in

Linksfahrländern wie Österreich und Ungarn ein. Sofort nach Abzug der französischen Truppen schwenkten diese Länder wieder nach links – bis zur Besetzung durch die Nazis im Jahr 1938, als auch dort endgültig der Rechtsverkehr festgeschrieben wurde.

Man kann sterben, wenn man eine Zigarette isst

Stimmt nicht. Jedenfalls nicht bei Erwachsenen. Einem 75-Kilo-Norm-Mann wird wahrscheinlich speiübel werden, aber er wird nicht sterben. Beim Nervengift Nikotin, erklärt Friedrich Wiebel vom Ärztlichen Arbeitskreis Rauchen und Gesundheit, gilt ein Milligramm pro Kilo Körpergewicht als tödliche Dosis.

Heißt das nun, dass der Mann bis zu 750 Super-Leicht-Zigaretten vertilgen kann, die laut Banderole jeweils 0,1 Milligramm Nikotin enthalten? Keineswegs. Denn die Werte, die auf der Packung stehen, werden mit speziellen Rauchautomaten ermittelt. Und auch der menschliche Raucher inhaliert ja nur einen Teil des Rauchs, von dem er das meiste wieder ausatmet. Beim Essen dagegen gelangt das in der Zigarette enthaltene Nikotin komplett in den Körper. Konkret sind das etwa 12 Milligramm pro Zigarette, wobei die Light-Zigaretten sogar manchmal noch mehr enthalten als die normalen (s. S. 41). Und das bedeutet: Für Kleinkinder kann Zigarettenessen tatsächlich sehr gefährlich werden. Ein Kind, das eine ganze Zigarette verdrückt hat, sollte man auf dem schnellsten Weg ins Krankenhaus bringen.

Ultraschnelle Gewehrkugeln können durch «Gewebeschock» auch bei Streifschüssen zum Tod führen

Stimmt nicht. Sucht man im Internet nach dem Stichwort «Gewebeschock», so findet man grausige Seiten von Waffennarren, die sich mit Akribie an der Wirkung von Projektilen auf menschliche Körper delektieren und die Legende verbreiten, superschnelle Geschosse könnten allein durch ihre Schockwirkung töten. Fragen wir also lieber Beat Kneubuehl, der wissenschaftlich nüchtern im Auftrag der Eidgenössischen Regierung die Wirkung von Schusswaffen untersucht. Er ist auch der Hauptautor des Standardwerks «Wundballistik».

Gibt es nun den legendären «Gewebeschock» – also den Fall, dass ein Mensch an einem Schuss stirbt, obwohl er keine unmittelbar tödliche Verletzung davongetragen hat? «Wir haben 20 Jahre weltweit nach solchen Fällen gesucht», sagt Beat Kneubuehl, «aber keinen einzigen gefunden.» Allerdings seien Hasen und Rehe schon an Schrotschüssen gestorben, obwohl alle Organe intakt geblieben waren. Der menschliche Schocktod durch Streifschuss, Geschwindigkeit hin oder her, gehört aber wohl ins Reich der Fabel.

Des Weiteren geht die Legende, dass aufgrund dieser seltsamen Wirkung von Projektilen die Genfer Konvention eine «Geschwindigkeitsbegrenzung» für Geschosse vorsehe. Aber auch das stimmt nicht. Dieses internationale Abkommen verbietet Waffen, die dem feindlichen Soldaten überflüssige Verletzungen und unnötiges Leiden zufügen. Vor allem die Dumdum-Geschosse sollten damit geächtet werden. Als in den sechziger Jahren das amerikanische Sturmgewehr M 16 eingeführt wurde, dessen Munition besonders grausame Wunden schlägt, führten manche das irrtümlich auf die hohe Mündungsgeschwindigkeit zurück, und es gab Bestrebungen, ein «Tempolimit» von 800 Metern pro Sekunde vorzuschreiben. Tatsache ist aber, dass die Genfer Konvention bis heute keine speziellen Vorschriften über die Eigenschaften der Munition enthält.

Muskat ist ein Rauschgift

Stimmt. Der Genuss von Muskat «öffnet das Herz des Menschen und läutert sein Gefühl», sagte schon im Mittelalter Hildegard von Bingen, die sich intensiv mit der Heilkraft von Kräutern und Gewürzen beschäftigte. Weniger vornehm ausgedrückt: Muskat ist, in entsprechenden Mengen genossen, eine Rauschdroge. Verantwortlich für die halluzinogene Wirkung ist der Inhaltsstoff Myristicin, der in der Leber in ein Amphetamin umgewandelt wird. In der Hippie-Zeit wurden die alten Weisheiten wieder entdeckt, und die Muskatnuss wurde für viele zu einer billigen und legalen Ersatzdroge für psychoaktive Substanzen wie LSD und Meskalin.

Allerdings muss man dazu schon ein bis zwei Nüsse mit mindestens fünf Gramm Muskat zu sich nehmen, und einschlägigen Internet-Seiten entnehme ich, dass die «Genießer» danach eine Aversion schon gegen die kleinsten Mengen von Muskat entwickeln, also selbst am vorweihnachtlichen Glühwein keine Freude mehr haben. Und natürlich besteht auch die Gefahr der Überdosierung. So ist der Fall eines achtjährigen Jungen dokumentiert, der nach dem Verzehr von zwei Muskatnüssen starb. Für Erwachsene wird der Muskat-Trip ab drei Nüssen lebensgefährlich.

Bundespräsident Heinrich Lübke hat bei einem Staatsbesuch in Afrika eine Rede mit den Worten begonnen: «Sehr geehrte Damen und Herren, liebe Neger!»

Stimmt nicht. Wobei das wieder die bei Zitaten übliche Antwort ist: bis zum Nachweis des Gegenteils. Ich habe das Bundespräsidialamt angerufen, mit Heinrich Lübkes Biographen gesprochen, mehrere Rundfunkarchive durchforsten lassen und Afrikaexperten befragt. Ergebnis: Jeder kennt das Zitat, die meisten hätten es Lübke auch zugetraut, es wird von manchen sogar genau datiert auf einen Staatsbesuch in Liberia im Jahr 1962 – aber es gibt keinen Beleg dafür!

Das berühmte Zitat findet sich weder auf der Schallplatte «… redet für Deutschland» noch in dem Bändchen «Worte des Vorsitzenden Heinrich». Wolfgang Koßmann vom Bundespresseamt, der selbst seit Jahren nach einer Quelle forscht, hält den Ausspruch denn auch für «gut erfunden».

Schließlich hat das Exstaatsoberhaupt gerade in Entwicklungsländern kaum ein Fettnäpfchen ausgelassen, etwa als er in der madagassischen Hauptstadt Tananarive (heute Antananarivo) eine Rede mit den Worten «Sehr geehrter Herr Präsident, sehr geehrte Frau Tananarive!» begann und später über das Land sagte: «Die Leute müssen ja auch mal lernen, dass sie sauber werden.»

Muss man Lübke demnach als üblen Rassisten einstufen? Da widerspricht der Filmemacher Martin Baer, Autor der Dokumentation «Befreien Sie Afrika!», vehement: «Mit seinen Afrikareisen wollte er die Hilfe für die damals nach Unabhängigkeit strebenden oder gerade unabhängig werdenden Länder fördern.» Wenn Lübke also zu mauretanischen Abgesandten sagte: «Ich wünsche Ihnen eine gute Entwicklung da unten», dann klingt das für unsere Ohren vielleicht unerträglich paternalistisch, aber es kam gewiss von Herzen.

Trotz vieler Reisen blieben die fernen Länder Lübke immer fremd. So war er im April 1967 froh, in die Heimat zurückzukehren: «Nach meiner Asienreise hat mich die frische, raue Luft des Sauerlands umgeschmissen.»

Ein Weihnachtsbaum hält länger, wenn man Glycerin ins Wasser gibt

Stimmt nicht. Zunächst einmal: Den Christbaum in irgendeine Flüssigkeit zu stellen ergibt nur dann einen Sinn, wenn er gerade frisch geschlagen ist. Hat er schon eine Weile auf dem Weihnachtsmarkt zugebracht (und wer weiß schon, wie lange er da gestanden hat?), dringt Luft in die feinen Kanäle des Baums ein, und er kann nichts mehr aufsaugen. Er trocknet aus, Fichten übrigens schneller als Tannen.

Nach dem Glycerin befragt, zuckten sämtliche Forstbiologen mit den Schultern und hielten die Sache für eine Legende. Aber dann ist da noch Gottfried Stelzer, der im SWR-Radio Gartentipps gibt und seinen Hörern auch zum Glycerin rät. Seine Erklärung: Das Glycerin habe eine harzlösende Wirkung und hält so die Kanäle des Baums frei, mit denen Wasser und Nährstoffe aufgenommen werden. Allerdings gibt Stelzer zu, dass er das Rezept von seinen schlesischen Großeltern hat und eine wissenschaftliche Überprüfung aussteht.

Also ist es Zeit für einen Versuch. Den habe ich zum Weihnachtsfest 2000 gemacht: zwei kleine Weihnachtsbäumchen zusätzlich gekauft, und zwar in einer Baumschule, wo man beim Schlagen dabei ist. Das eine Bäumchen wurde in Wasser gestellt, das andere in eine Mischung, die zu gleichen Teilen aus Wasser und Glycerin bestand. Das Ergebnis war eindeutig: Nach genau drei Wochen war das Glycerin-Bäumchen so vertrocknet, dass man es durch bloßes Schütteln von fast allen Restnadeln befreien konnte. Der andere Tannenbaum trug dagegen noch ein üppiges Nadelkleid von frischer grüner Farbe. Fazit: Das Glycerin nützt überhaupt nichts, im Gegenteil!

Winston Churchill hat gesagt: «Ich glaube nur Statistiken, die ich selbst gefälscht habe»

Stimmt nicht. «Ich glaube nur an Zitate, die ich selbst erfunden habe», möchte ich fast sagen. Hier haben wir jedenfalls mal wieder eines, das mit großer Wahrscheinlichkeit falsch ist, sich jedenfalls nicht belegen lässt. In diesem Fall kann man noch nicht einmal sagen, dass es «gut erfunden» wäre.

Werner Barke, ein Mitarbeiter des Statistischen Landesamts Baden-Württemberg, forscht seit Jahren dem angeblichen Churchill-Zitat hinterher, wohl auch, weil es an der Berufsehre der Statistiker kratzt. Und er hat einiges herausgefunden: Während der Ausspruch bei uns häufig und gern zitiert wird, ist er den Engländern gänzlich unbekannt. Wen Barke auch fragte: Das Statistische Amt von Großbritannien, die Redaktion der *Times* – niemand kannte ihn.

Das ist natürlich seltsam und deutet auf eine deutsche Quelle hin. Barke machte sie im Reichspropagandaministerium der Nazizeit aus. Denn im Zweiten Weltkrieg fand neben der realen auch eine publizistische Schlacht zwischen Deutschland und England statt, und die wurde auch mit Zahlenangaben ausgetragen. Joseph Goebbels wies die Zeitungen mehrmals an, die englische Presse und insbesondere Churchill als Lügner hinzustellen, die mit falschen Zahlen über Bomben und Opfer Propaganda machten. So befahl Goebbels der Presse am 7. Oktober 1940: «Jeden Tag ... soll sie die hoffnungslose Lage Englands schildern und zeigen, wie sich in jeder aus England kommenden Meldung die Bluff-Politik Churchills offenbart.» Die gleichgeschalteten Medien folgten diesen Anweisungen brav. Der *Völkische Beobachter* brachte fast täglich entsprechende Schlagzeilen: «Zahlenakrobat Churchill», «Churchills

Zweckstatistik», «Jede britische Bombe fünfzehnfach vergolten – Amtliche Zahlen widerlegen Illusionsschwindel». Unklar bleibt aber weiterhin, wo das angebliche Zitat zum ersten Mal auftauchte.

Der englische Premier war jedenfalls kein Feind der Statistik. Im Gegenteil: Er richtete sogar in der Admiralität eine eigene Statistische Sektion ein, die ihn ständig mit Zahlenmaterial versorgte. Denn Winston Churchill glaubte an die Wichtigkeit objektiver Informationen. «Du musst die Tatsachen anschauen, denn sie schauen dich an!», sagte er 1925 – das ist belegt.

CNN zeigte am 11. September 2001 zehn Jahre alte Bilder von jubelnden Palästinensern

Stimmt nicht. Brauchten früher solche «urbanen Legenden» noch ein paar Tage, um sich zu verbreiten, so infizieren sie heute innerhalb von Stunden die ganze Welt. In diesem Fall ist die Entstehung sehr gut dokumentiert: Der brasilianische Student Márcio Carvalho erzählte am 12. September in einer Internet-Mailingliste, eine Professorin habe in einer Vorlesung behauptet, die CNN-Bilder vom Vortag seien zehn Jahre alt und stammten aus der Zeit des Golfkriegs; als Beweis habe sie eine Videokassette. Als der gewissenhafte Student die Professorin um die Kassette bat, konnte sie diese nicht liefern. Daraufhin stellte Carvalho am 14. September ein Dementi ins Netz. Sogar seine Universität veröffentlichte eine entsprechende Erklärung – zu spät, Gerüchte lassen sich eben nicht zurückholen.

Tatsächlich wurden die Aufnahmen, die etwa 15 jubelnde Menschen zeigen, am 11. September von einem Reuters-Kamerateam aufgenommen. Auf den Bildern ist auch ein Lieferwagen zu sehen, der erst seit 1995 hergestellt wird. Sie können also gar nicht zehn Jahre alt sein. Wie die Aufnahmen zu interpretieren sind und ob sie möglicherweise repräsentativ für die Stimmung in Palästina waren, ist selbstverständlich eine ganz andere Frage. Aber aktuell waren sie auf jeden Fall.

Alkoholfreies Bier enthält Alkohol

Stimmt. Jedenfalls für fast alle Marken. Es gibt alkoholfreie Biere, die tatsächlich überhaupt keinen Alkohol enthalten, aber in den meisten ist ein kleines bisschen drin. Beim Marktführer («Nicht immer, aber immer öfter») sind es 0,35 Prozent. Der Gesetzgeber hat festgelegt: Bier mit weniger als 0,5 Prozent Alkohol darf sich «alkoholfrei» nennen. Dieser Alkoholgehalt ist vergleichbar mit dem von Fruchtsaft und Malzbier.

Hat dieser Restalkohol eine physiologische Wirkung im Körper? Die Experten sagen: nein. Man müsste nicht nur riesige Mengen trinken, um rechnerisch auf einen bedenklichen Wert zu kommen. Alkohol wird auch ganz routinemäßig von den Mikroorganismen in unserem Darm produziert. Die geringe Konzentration im alkoholfreien Bier ändert daran nicht viel. Selbst für Leberkranke geht von dem Getränk keine Gefahr aus.

«Trockenen» Alkoholikern raten die Brauer indes von alkoholfreiem Bier ab. Aber das hat vor allem psychologische Gründe. Gemäß dem Werbeslogan «Alles, was ein Bier braucht» sei das Trinkerlebnis zu nahe an «richtigem» Bier, sodass die Gefahr eines Rückfalls bestehe.

Mit Magnetfeldern kann man Kalkablagerungen in Wasserleitungen verhindern

Stimmt nicht. Zuerst die gute Nachricht: Es scheint tatsächlich wirksame Methoden der Wasserenthärtung zu geben, die nur mit physikalischen Mitteln arbeiten und nicht mit chemischen Substanzen. Das Technologiezentrum Wasser in Karlsruhe, das der jeder esoterischen Schieflage unverdächtigen Deutschen Vereinigung des Gas- und Wasserfaches (DVGW) untersteht, hat bereits einer Hand voll Geräten bescheinigt, dass sie die Kalkablagerungen um mindestens 80 Prozent reduzieren. Allerdings handelte es sich dabei nicht um «Manschetten», die man nur äußerlich an die Wasserrohre anlegt. In allen wirksamen Apparaten wird das Wasser an unterschiedlichen Strom führenden Elektroden vorbeigeführt.

Wie funktioniert diese Entkalkung? Ivo Wagner, der seit 1980 für die DVGW angebliche «Wunder-Entkalker» testet, erklärt das so: Die Maschinen sorgen dafür, dass sich im Wasser sehr kleine Kalkkristalle bilden, die dann mit weggespült werden. Dadurch wird die unerwünschte Kristallisierung des Kalks an den Rohrwänden verringert.

Die schlechte Nachricht: Die weitaus meisten Magnetfeld-Entkalker, die es auf dem Markt gibt, bewirken gar nichts. Die bloße Anwesenheit eines magnetischen Feldes macht dem Kalk überhaupt nichts aus. Und auch die wirksamen Apparate sind völlig überteuert. Stiftung Warentest zog nach einer Untersuchung, bei der 10 von 13 Wasserbehandlern das Prädikat «mangelhaft» erhielten, das Fazit: «In der Werbung als Kalkkiller angetreten, im Test als Blindgänger entlarvt.»

In den 70er Jahren wurde der Wochenanfang gesetzlich vom Sonntag auf den Montag verlegt

Stimmt. Nach christlicher Tradition ist der Sonntag der erste Tag der Woche. Der siebente Tag, an dem der Herr ruhte, ist ja der jüdische Sabbat, der am Samstag begangen wird. Den Sonntag als «Tag des Herrn» leiten die Christen von der Auferstehung her, und die ist ja eher Anfang als Schlusspunkt. Allerdings sah jahrhundertelang niemand eine Notwendigkeit, diese Konvention auch weltlich festzuschreiben. Erst im Jahr 1943 legte die Norm DIN 1355 fest: «Eine Woche beginnt am Sonntag 0 h.»

Damit befand sich Deutschland im Widerspruch zu vielen Ländern, in denen der Sonntag nicht nur umgangssprachlich zum Wochenende gehörte. Bei den Fluglinien wurde schon immer der Montag mit 1 bezeichnet und der Sonntag mit 7. Und so trat 1976 eine Änderung der DIN-Norm in Kraft, seitdem beginnt die Woche montags. Inzwischen ist das weltweit so. Die Normwächter betonten aber in der Neufassung von 1976: «Davon unberührt bleibt, dass nach christlicher und jüdischer Zählung der Sonntag der erste Tag der Woche ist.»

Die Deutschen sind Prozessweltmeister

Stimmt nicht. Trotz TV-Richterin Barbara Salesch: Die Klage-freudigkeit der Deutschen ist eher mittelmäßig. Auf 100 000 Einwohner kamen im Jahr 2000 knapp 2300 Zivilprozesse. In England zum Beispiel sind es viel mehr, etwa 3600. Wenn man nach dem Weltmeister sucht, geraten natürlich sofort die USA ins Visier: Glaubt man doch zu wissen, dass dort jeder Ver-braucher, der sein Kätzchen irrtümlich in der Mikrowelle grillt, sofort den Hersteller des Ofens verklagt. Und die vielen An-wälte – allein in West-Los-Angeles sind es mehr als in ganz Ja-pan – wollen ja auch beschäftigt sein. Und tatsächlich: Über 5200 Zivilverfahren kommen dort auf 100 000 Einwohner.

Und kaum glaubt der Autor, die Prozessweltmeister dingfest gemacht zu haben, fällt sein Blick auf das Statistische Jahrbuch Österreichs. Die Bewohner der Alpenrepublik haben einander im vorletzten Jahr mit 777 000 Prozessen überzogen – und das ergibt die stolze Zahl von 9600 Verfahren pro 100 000 Einwoh-ner! Wer bietet mehr?

Dreifarbige Katzen sind immer weiblich

Stimmt. Tatsächlich sind die weiß-schwarz-orangefarbenen Calico-Katzen, die manchmal auch als «Glückskatzen» bezeichnet werden, immer weiblich. Oder fast immer.

Das liegt an den Genen für die Farbgebung des Katzenfells. Sie sitzen auf den Chromosomen, die bei der Katze in 19 Paaren vorkommen. Eine Fleckung entsteht, wenn ein Chromosom das Gen für Orange enthält und das Gegenstück das Gen für Nicht-Orange. Dann gibt es sozusagen einen Wettstreit zwischen beiden, und in manchen Regionen des Fells obsiegt das eine Gen, in manchen das andere (an weißen Stellen setzt sich ein drittes Gen durch, das auf einem anderen Chromosom sitzt). Das Orange-Gen ist jedoch Teil des Geschlechtschromosoms X, das nur bei den Weibchen paarweise vorkommt. Männchen haben ein X- und ein Y-Chromosom. Letzteres trägt gar keine Farbinformation, weshalb es bei Katern nicht zum malerischen Konflikt kommt.

So weit der Normalfall. Einer von 3000 Katern besitzt jedoch ein X-Chromosom zu viel – nämlich zwei X- und ein Y-Chromosom. Diese können tatsächlich ein Fleckmuster haben, sind aber steril.

Obendrein gibt es bei Katzen auch Chimären, die durch Verschmelzen zweier Embryonen entstehen. Die haben dann eine Mischung aus «männlichen» und «weiblichen» Zellen. So können sogar fortpflanzungsfähige Kater mit weiblicher Fellzeichnung entstehen – als sehr seltene Laune der Natur.

Flamingos sind rosa, weil sie sich von Krabben ernähren

Stimmt. Die rosa Farbe des Flamingos kommt vom Farbstoff Canthaxanthin, einer Substanz aus der Gruppe der Karotinoide. Und um diese Farbe zu bilden, braucht der Vogel karotinhaltige Nahrung. Sonst ist bei der nächsten Mauser die Pracht dahin. Das ist nicht nur schlecht für die Optik. Offenbar sind weiße Flamingomänner für Weibchen nicht sonderlich attraktiv, deshalb hat es in Zoos schon des Öfteren nicht mit der Fortpflanzung geklappt.

In der freien Natur decken die Flamingos ihren Karotinbedarf mit Krebsen und Algen. In den Zoos müssen die Karotinoide der Nahrung zugesetzt werden. Früher gab man den Vögeln Karotten und Rote Bete, heute wird dem Flamingofutter das Canthaxanthin einfach zugesetzt.

Die Karotinoide entfalten ihre färbende Wirkung nicht nur beim Flamingo. Auch die «Bräunungspillen», die für diesen grässlichen orangefarbenen Hautton sorgen, enthalten den Farbstoff. Ein goldorangefarbener Eidotter lässt auf karotinhaltiges Hühnerfutter schließen. Und dass der Lachs im Supermarkt so eine appetitliche Farbe hat, liegt auch nur am Futter in den Zuchtfarmen – sonst wäre er nämlich gräulich weiß.

Die Verschlüsse von Weinflaschen haben keinerlei Auswirkungen auf den Wein

Stimmt. Das heißt: Korkverschlüsse können einen Einfluss auf den Geschmack des Weines haben, allerdings nur einen negativen. Der Sinn des Verschlusses ist es, die Flasche möglichst dicht zu versiegeln. Dass der Wein durch den Korken «atmen» möge, ist eine Mär – wenn Luft in die Flasche dringt, dann ist das ein Betriebsunfall und kein erwünschter Effekt. Die Luftmenge zwischen Korken und Wein reicht für subtile «Reifungsprozesse» im Wein völlig aus.

Wenn es ums Abdichten geht, sind tatsächlich Kronkorken und Schraubverschlüsse mit Plastikdichtung das beste Mittel. Außer in der rationalen Schweiz, wo bereits die Hälfte der Weinflaschen einen Drehverschluss hat, denken aber die Verbraucher bei einer Metallkapsel gleich an billigen Fusel. Bei uns werden deshalb die Weinflaschen wohl auf absehbare Zeit einen Stöpsel haben.

Beim «Naturprodukt» Kork gibt es zwischen der Ernte der Korkrinde und dem Öffnen der Flasche mannigfaltige Gelegenheiten, den Wein zu verderben. Insbesondere wenn Mikroorganismen eindringen und das gefürchtete 2,4,6-Trichloranisol (TCA) produzieren, ist der gute Tropfen hin. Zwar reicht nicht, wie in manchen Quellen steht, ein Fingerhut TCA aus, um den ganzen Bodensee zu «verkorksen». Aber ein Fass davon täte das schon. Außerdem können die Produzenten, vor allem Portugal, die steigende Nachfrage nicht mehr befriedigen und werfen immer minderwertigere Korksorten auf den Markt.

Es ist also Zeit für Alternativen. Da der unvernünftige Verbraucher offenbar immer noch einen Korkenzieher in die Flasche drehen und das «Plopp!»-Geräusch hören will, findet man vor allem bei Weinen aus Übersee zunehmend Plastikstopfen mit Korkdesign. Es gibt auch Mischprodukte aus zermahlenem Kork, der mit Kunststoff verbacken ist. Über das langfristige Verhalten all dieser Ersatzkorken gibt es aber noch keine hinreichenden Erkenntnisse.

Register

175